子供の科学 ★ サイエンスブックス

深海の不思議な生物

過酷な深海で生き抜くための奇妙な姿と生態

はじめに

　46億年前、地球ができたばかりのころは、地球上にはマグマの海が存在しました。それらは、地球上の岩石が、天体衝突のエネルギーで熱せられて溶け出したもので、その衝突が減ってきて地球が冷えてくると、水蒸気として存在していた水が雨となって降り注ぎ、やがてマグマはかたまり、その後長い年月をかけて今の海が誕生しました。

　さまざまな物質が溶け込んだ海から、生命（バクテリアのようなもの）が誕生し、さまざまな進化を遂げます。私たち人類も含めて、いま地球上にたくさんの生き物たちが存在するのは、海の存在があったからなのです。

　漁を行い食料を得たり、また船を使って自由に行き来したりと、海は、昔から私たちの生活になくてはならない環境です。しかし、海について私たちが知っているのは、ごく浅いところについてで、私たちが「深海」とよんでいる深い海は、まだ調査が始まったばかりなのです。

　20世紀後半、海に潜る調査船や、さまざまな観測機器が次々に開発され、世界各国で調査が行われるようになり、深海の世界も少しずつ明らかになってきました。見たことのないような不思議な姿の生物が次々に発見され、また浅い海で暮らす生物たちとはまったく異なる生態なども見られました。海底温泉がわき出すところから真っ黒な煙が立ち上り（ブラックスモーカー）、地震がひんぱんに起こる場所では、プレートの割れ目などの存在も見ることができました。

　今後、深海の調査が進めば、もっとたくさんの不思議な生物に会えることでしょう。そして研究が進めば、バクテリアから始まった進化の謎が、どんどんひもとかれていくに違いありません。また生物以外にも、資源や気象、さらには深海底からさらに地球内部にいたるまでのさまざまなことがわかってくることでしょう。

　本書では、深海に暮らすさまざまな生物たちを紹介します。そこでどのように生きているのか、どうしてそのような姿になったのか…。不思議いっぱいの世界をご覧ください。

子供の科学編集部

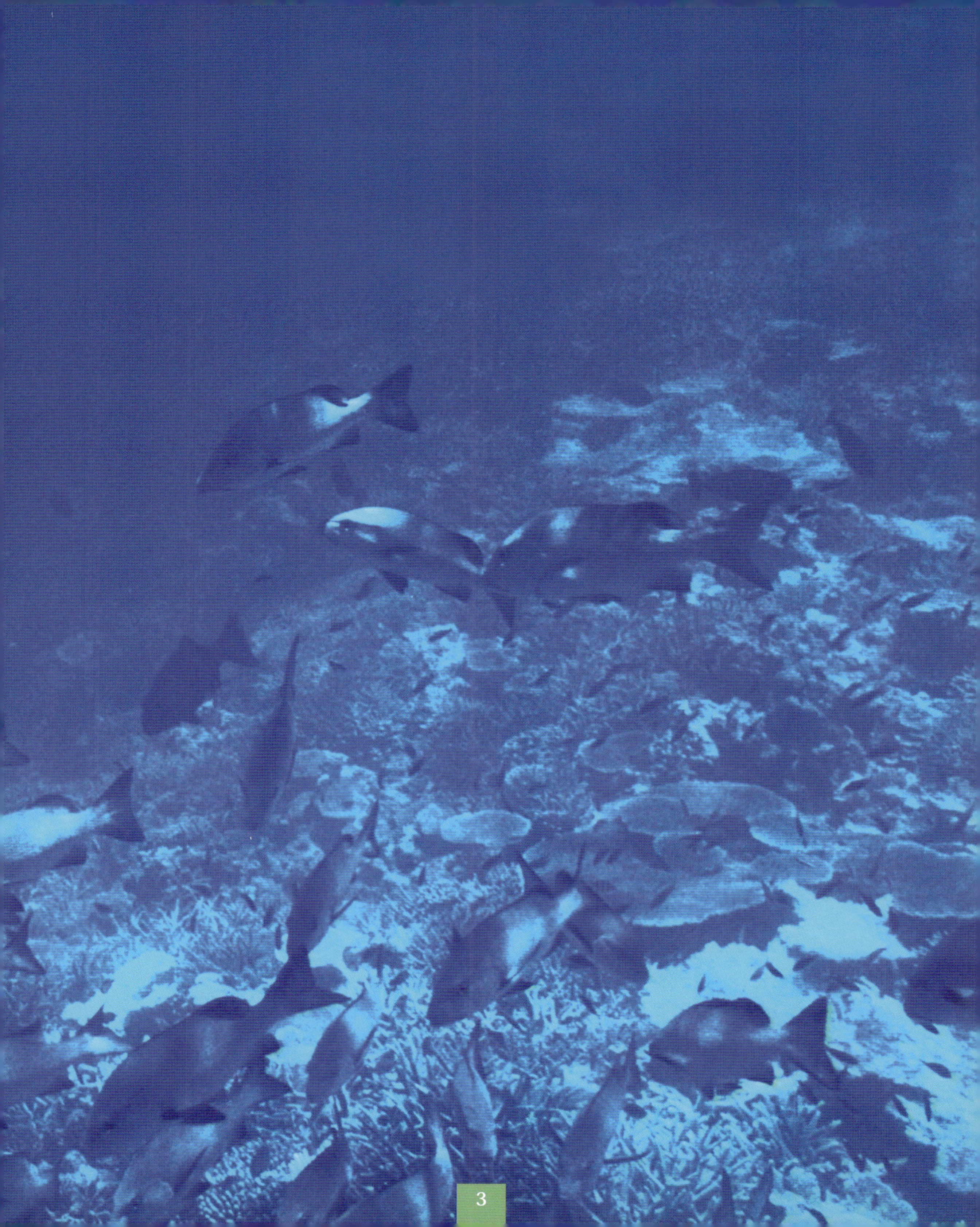

もくじ

はじめに ─────────────────────────────── 2
目次 ──────────────────────────────── 4

第1章　深海の世界を探検しに行こう ──────────── 6
光の届かない世界 ─────────────────────── 8
水圧による過酷な環境 ──────────────────── 9
深海に降る雪は、深海生物のエサになる ────────── 10
深海調査で見えてきた海の地形 ─────────────── 11
<カコミ>　海底にある不思議な煙突 ─────────── 11

第2章　環境と深海生物
海底温泉に集まる生き物たち ───────────────── 14
・ハオリムシの仲間 ────────────────── 15
・ツノナシオハラエビ ──────────────── 16
・ユノハナガニ ─────────────────── 16
・ゴエモンコシオリエビ ─────────────── 17
<カコミ>生物界でみられるさまざまな共生 ──────── 17
・シロウリガイ ─────────────────── 18
<カコミ>メタンが湧き出る湧水域とは？ ────────── 19
クジラの骨の周りにもたくさんの生物がいた ────────── 20

第3章　深海生物の不思議な姿
真っ暗な世界で光を放つ深海生物 ──────────── 24
・チョウチンアンコウ ──────────────── 24
<カコミ>深海生物が暗闇で光る理由とは？ ────────── 24
・ホタルイカ ──────────────────── 26
・ハダカイワシ ─────────────────── 27
<カコミ>深海調査船のライトに反射して美しく光る ────── 27
・ムラサキカムリクラゲ・ニジクラゲ ────────── 28
海底にへばりついてエサを待つ深海生物 ──────────── 30
・深海に咲く妖しい花？　海底でゆれるウミユリ ─────── 30
<カコミ>示準化石と示相化石 ─────────────── 31
・海底に根ざす美しい"花かご"カイロウドウケツ ────── 32
<カコミ>まるで植物のように体を固定して生きる動物たち ── 33
・大きな吸い込み口でエサを待つオオグチボヤ ──────── 34

海底で行動する深海生物たち ― 36
・世界一大きなタカアシガニと真っ赤なエゾイバラガニ ― 36
・クモヒトデとはどのような生物か？ ― 38
・全身がほとんど脚のウミグモ ― 39
・金属の鎧をまとった深海生物　スケーリーフット ― 40
・深海の巨大ダンゴムシ　ダイオウグソクムシ ― 42
・泥に含まれるエサを探して歩く　センジュナマコやクマナマコ ― 44
＜カコミ＞背中の突起はなんの役目をするの？ ― 44
・深海に棲むいろいろなナマコたちを紹介します ― 46
　（ユメナマコ／マイクツガタナマコ／エボシナマコ）
・最も深い海で見つかったカイコウオオソコエビ ― 48
＜カコミ＞最も深い海　マリアナ海溝ってどんなところ？ ― 48
漂う・泳ぐ…深海生物たちの不思議な姿と生態 ― 50
・「三脚」を立ててエサを待つナガヅエエソ ― 50
・大きな口に驚く！　フクロウナギの口はどうなっている？ ― 52
・大きな牙で確実にエサをしとめる　こわい顔のホウライエソ ― 54
・暗いからこそ目が発達した生物　ボウエンギョとメダマホウズキイカ ― 56
・暗いからこそ目の機能を捨てた生物　ヌタウナギ ― 58
・人間より大きなイカ　30cmの目でエサを探すダイオウイカ ― 60
・腕と腕の間に薄い膜がある不思議なタコ　メンダコとジュウモンジダコ ― 62
・動物界一の大きさを誇るクダクラゲの仲間 ― 64
・深海で発見されたさまざまなクラゲたち ― 66
　（リンゴクラゲ／オワンクラゲの仲間／ウリクラゲ／アカカブトクラゲの仲間／種類がわからないクシクラゲ）
・巨大な口をした大型のサメ　メガマウス ― 70
・においをたよりにエサや仲間を見つけるゾウギンザメ ― 72
・伸びた鼻はシャベルの役目　海底をさぐるテングギンザメ ― 73
・進化の謎の解明に期待がかかるシーラカンス ― 74
・生きた化石　オウムガイ ― 76
・日本から遠く離れた深海に産卵場所　ウナギの秘密 ― 78

第4章　深海の調査を行う日本の船や機器 ― 80
　（しんかい6500／うらしま／ハイパードルフィン／かいこう7000Ⅱ／ディープ・トウ／深海底総合ステーション）
＜カコミ＞海洋研究開発機構について ― 85
日本近海の海底地形を調査する ― 86

第5章　研究者に聞く　深海の調査と研究 ― 87
　終わりに ― 93

第1章 深海の世界を探検しに行こう！

　海水浴や釣りを楽しんだり、フェリーに乗ったりと、皆さんが海と接する機会はけっこう多いと思います。しかし、その海は、ごくごく浅いところだけで、海の深いところは、私たちの想像を超えた不思議な世界が広がっています。そんな世界に棲む生き物たちをいっしょに見ていきましょう。

　まずは深海についていろいろと知っておきましょう。
　海は地球表面の70%を占めています。つまり私たち人間が暮らす陸地よりもずっと広大に広がっています。浅いところからどんどん潜っていくと、しだいに光がとどかなくなり、海水の圧力が高まります。「深海」と呼ばれる場所は、水深200mぐらいの、ほとんど植物や藻類が育たないところから、さらに深い海のことをさしています。では海のうちどのぐらいが深海なのかというと、海底の面積のおよそ80%以上が深海ということになります。また、現在発見されている一番深いところは、マリアナ海溝で、約1万900mです（エベレストが8848mですから驚くほどの深さです）。

　海は、おおよそ次のように分類されています。

```
海の表面〜水深 200m    ：表層
水深　200〜1000m      ：中層
水深1000〜4000m       ：漸深層
水深4000〜6000m       ：深層
水深6000m以下         ：超深層
```

　表層ぐらいまでは、植物が太陽光を使って光合成を行ってエネルギーを得ることができます。また中層ぐらいまでは、わずかな太陽光が届き、深いところから見ると、魚のシルエットがわかります。それ以下は光の届かない真っ暗な世界となります。
　深海の調査は、1872年のイギリスの海洋調査船「チャレンジャー号」による地形調査からはじまり、その後世界の国々が無人・有人の調査船を深海に送りこみ、それまでわから

太陽の光が届き
光合成が行える

表層

大陸棚

大陸斜面

中層（200〜1000m）

漸深層（1000〜4000m）

深層（4000〜6000m）

超深層（6000m以下）

マリアナ海溝
（1万911m）

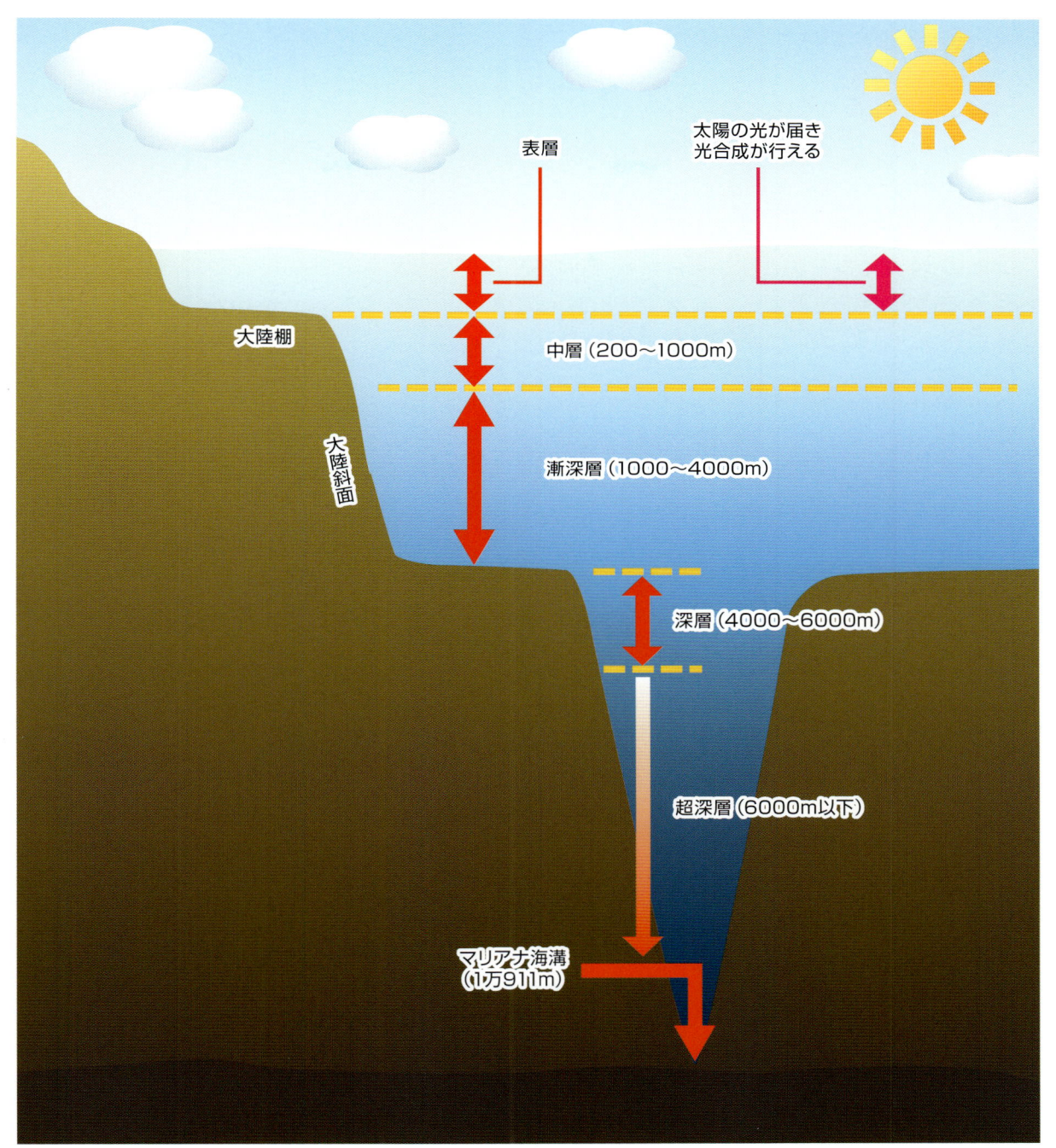

なかった地形ができるメカニズムや、不思議な生き物をたくさん発見しました。しかし広大な海をくまなく調査するのは大変なことで、今でもわからないことが多く、ときおり不思議な生物が見つかって私たちを驚かせてくれます。

● 光の届かない世界

　海にどんどん潜っていくと、太陽の光は海水に吸収され、その量が減っていきます。海が青くみえるのは、太陽の光の青い波長が海水に吸収されにくく、その反射された光を見ているからですが、海底200mになると、光の量は1％以下になります。人間の目では、わずかの光しか感じず、さらに深く潜っていくと光を感じない真っ暗な世界になります。
　太陽の光が届かないところでは、植物が生きていくための光合成ができないので、海藻などは見ることができません。また生物によっては光がないため目以外の器官が発達したり、また目がすごく発達している種類も存在します。

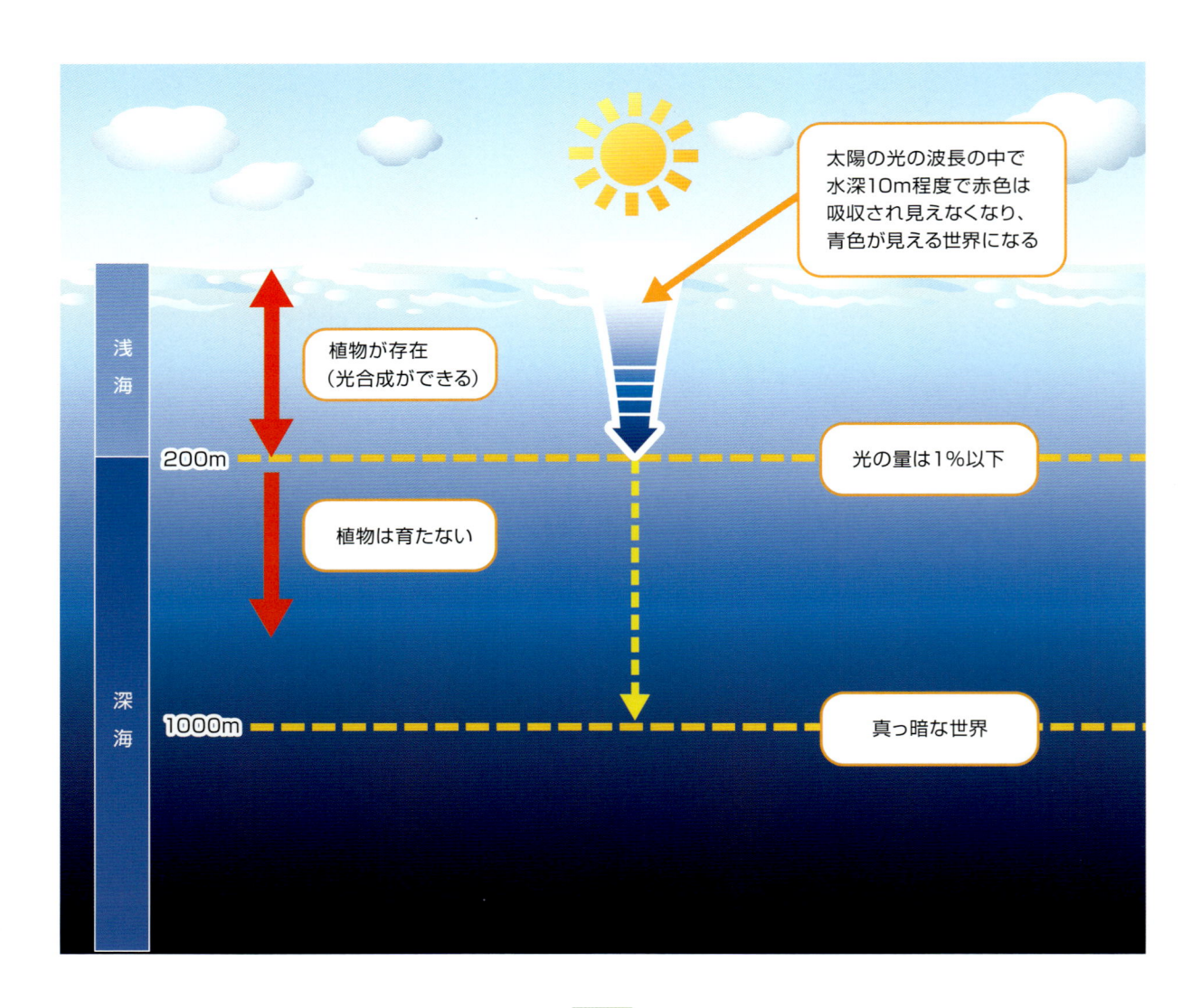

浅海

200m　植物が存在（光合成ができる）

太陽の光の波長の中で水深10m程度で赤色は吸収され見えなくなり、青色が見える世界になる

光の量は1％以下

植物は育たない

深海

1000m　真っ暗な世界

●水圧による過酷な環境

地上に暮らす私たちが受ける大気圧は1気圧です。日頃、私たちは感じることはありませんが、空気にも重さがあり、私たちの体に圧力をかけています。1気圧は1m²の面積に約1tの重さがかかっていることになります。けっこう重たいと感じますが、私たちの体がその環境に適応し、その重さを跳ね返す力を持っているので、「重たい」と思うことなく生活することができます。

では海の中はどうでしょう。大気圧の1気圧に加えて、海では水の重さによる圧力を受けることになります。どのぐらいの水圧かというと、10m潜ると1気圧、100m潜ると10気圧…といったぐあいに増えていきます。そのため深海200mで受ける圧力は21気圧（＋1気圧は大気圧）、水深5000mでは501気圧となります。

人間は10気圧程度でも生きていくのが困難です。ただし、深海に暮らす生物たちは、この過酷な環境でも生きています。それは、私たちと同様、その圧力を跳ね返す力が備わっていて、バランスが保たれているのです。

この水圧が、深海の研究に大きな壁となっていましたが、今では、押しつぶされないような材料や設計によって作られた深海調査船が、その過酷な環境の調査を行っています。

実験装置を使った水圧の実験。

●深海に降る雪は、深海生物のエサとなる

　深海を調査中、調査船が発するライトに照らし出される無数の白い物体に出会います。それらが海底に向けて降り注ぐ様子は、まるで海の中で大雪が降っているようで、1951年に日本人の研究者がこれを「マリンスノー」と名づけました。以来世界中でその名が使われています。

　マリンスノーの正体は、生物の死がいやフンなどで、それらを食べる深海の生物がいて、またその生物を食べる生物がいて…と食物連鎖が続きます。

まるで雪のように無数に降りそそぐマリンスノー。調査船の沈むスピードのほうが速いので、船内からのぞくと、マリンスノーが上昇するように見える。

●深海調査で見えてきた海の地形

　海の底はどうなっているのだろう？　深海調査船のなかった時代には、さまざまな姿が思い描かれていたことでしょう。
　地球の表面近くは、プレートよばれる岩盤でおおわれていますが、それらが移動するので、プレートどうしがぶつかりあったり、新しくプレートが作られたり、こすれたりします。その現場を深海底で見ることができます。プレートのぶつかり合うところでは、よく地震が発生します。

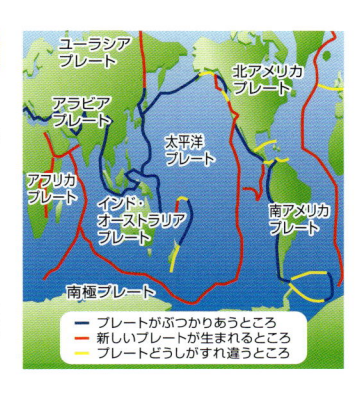

新しいプレートができるときに出てきたマグマが固まった岩。

海底にある不思議な煙突

　海底調査船により、海底に不思議な煙突が発見されました。そこは海底から熱水が噴き出している場所で、地下にしみこんでいた海水が、マグマによって熱せられ、海底に噴出している「海底温泉」なのです。この煙突はチムニー（英語で煙突を意味する）と呼ばれています。また、噴出する成分の違いによって、黒煙や白煙、透明な煙を出している場合があり、それぞれブラックスモーカー、ホワイトスモーカー、クリアスモーカーと呼ばれています。熱水噴出孔の周りにもたくさんの生物が発見されています（14ページ参照）。

第2章　環境と深海生物

　光が届かず、また水圧の高い過酷な環境の深海には、どんな生物が棲んでいるのでしょう。研究者の手によって調査が進むと、浅い海とは異なる方法で栄養を取る生き物たちがいることがわかってきました。ここでは深海生物が、不思議な環境で生きるためのメカニズムを紹介しましょう。

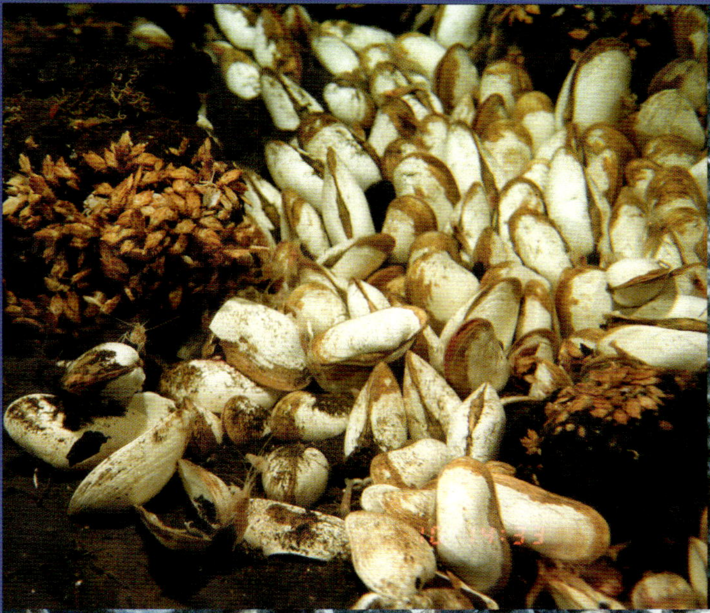
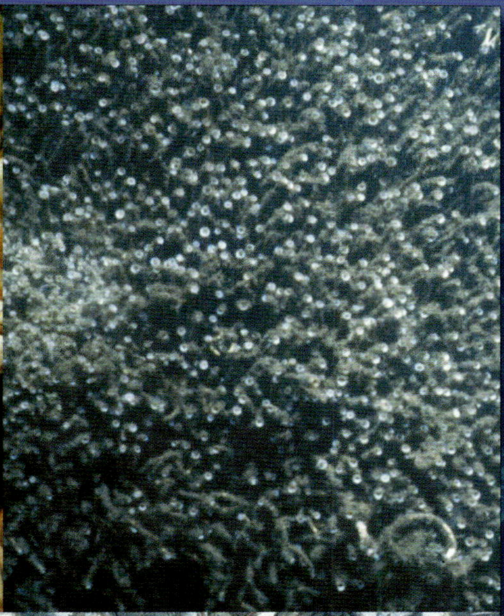
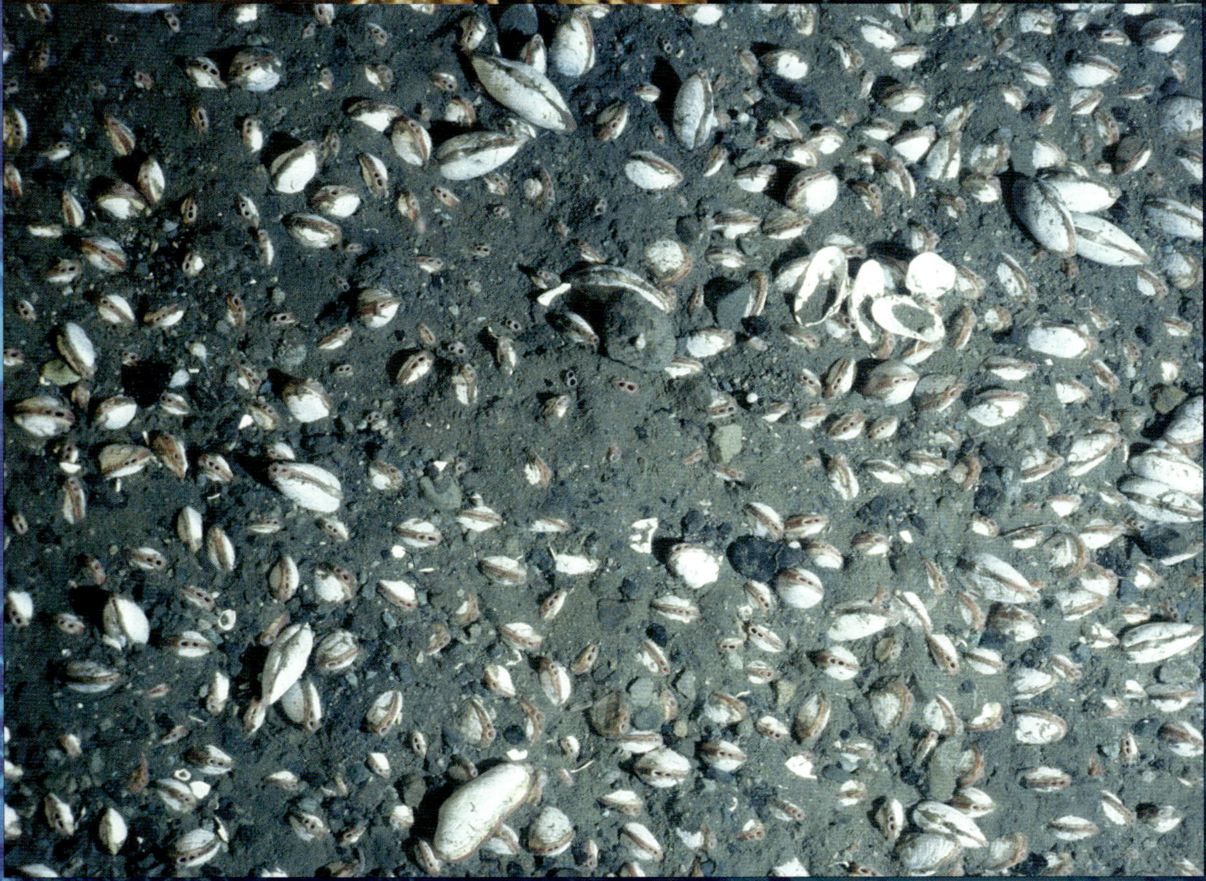

●海底温泉に集まる生き物たち

　海底から最高で400℃の熱水が噴出す海底温泉は「熱水噴出孔」と呼ばれ、その周りにはたくさんの生物が棲んでいることがわかりました。熱くて生物が死んでしまいそうな過酷な環境にどうしてそんなにたくさんの生き物がいるのか、研究者たちはたいへん不思議に思いました。

　熱水の中には硫化水素をはじめさまざまな物質が溶け込んでいます。熱水噴出孔の周りに棲む生物の体内には、それらの物質を使って有機物を合成する微生物が棲んでいることがわかりました。微生物たちは、エサとなる物質が豊富で住み心地のよい場所を得るかわりに、深海の生物が生きていくために必要な栄養分を与えているのです。このようにお互いにメリットがある関係を「共生」と呼びます。

　深海の生物たちは、熱に強いわけではありません。しかし、熱水の近くにいれば、それだけ微生物たちのエサとなる物質が豊富にあり、それは自身が生きていくために必要な栄養をたくさん手に入れることになります。近すぎず離れすぎず生きていると考えられています。

サツマハオリムシ。北西太平洋／鹿児島湾で、「ハイパードルフィン」により撮影。管の太さ約10mm、最大長約1.5m。水深80〜430mに棲息する。

ハオリムシの仲間

　長さ数10cm〜2mぐらいの、チューブ状の不思議な形をした生物です。体内に硫化水素などを使って育つ微生物が棲んでいて、それらが合成した有機物を栄養として生きています。チューブの先端から赤いエラが出て、そこから硫化水素などを取り込むのか、泥の中に埋まっている部分から硫化水素を取り込んでいるのか、まだわかっていません。

　ハオリムシの仲間は世界各地に棲んでいます。深海の熱水噴出孔以外、温度は高くないのですが、メタンをたくさん含む水が湧き出す場所（湧水域）などでもその姿がとらえられています。

密集するサツマハオリムシ。「ディープ・トウ」により撮影。

ツノナシオハラエビ

　チムニーにびっしりと張り付いている6cm程度の生き物がツノナシオハラエビです。甲らの内側に微生物をたくさん飼っていて、それをエサにします。目は退化していますが、熱を感じる器官を持っていて、それで熱水ぎりぎりまで近づいていきます。それは、エサとなる微生物に硫化水素を与えるためです。

「しんかい6500」により、大西洋／大西洋中央海嶺で撮影。全長約6cm。1600〜3700mに棲息する。

ユノハナガニ

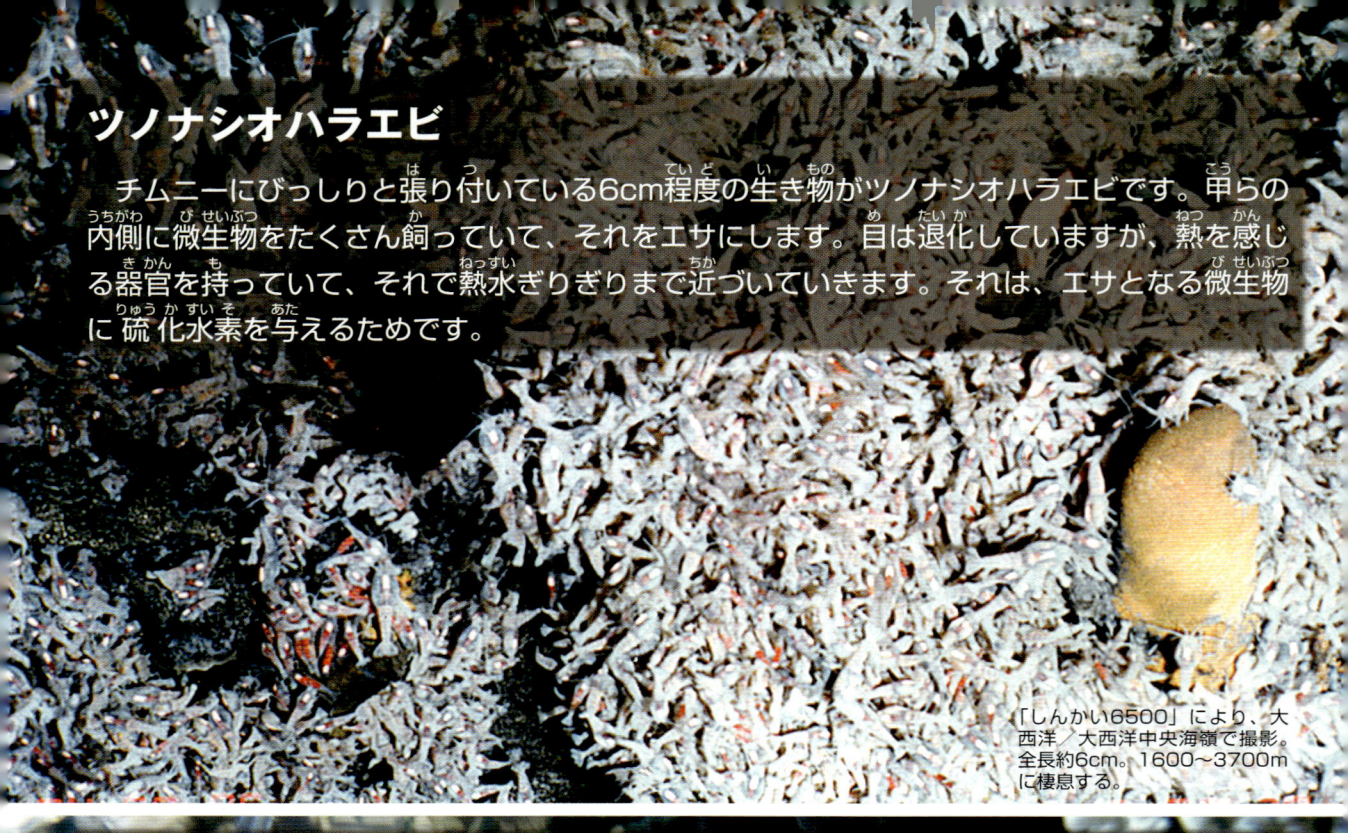

　真っ白な体をしたユノハナガニも、熱水噴出孔で多く見られる生物です。甲らの大きさは、個体にもよりますが40mm程度で、眼は退化しています。他の生物やその死がい、ハオリムシなどもエサとしています。

「しんかい2000」により、北西太平洋／小笠原諸島北部で撮影。甲らの幅約6cm。水深400〜1600mに棲息する。

ゴエモンコシオリエビ

一見カニのようにも見えますがヤドカリに近い仲間で、全長は6cm程度、腹側は乳白色をした硬い毛に包まれています。腹部に微生物を共生させ、その微生物を口のまわりにある器官でかきとってエサとします。つまりエサを養殖していることになるのです。

「しんかい2000」により、北西太平洋／先島群島周辺で撮影。水深700〜1600mに棲息する。

腹部に微生物を共生させ、それを食べて生きる。写真提供：棚田 旬（JAMSTEC）

生物界でみられるさまざまな共生

微生物とハオリムシのように異なる生物がいっしょに棲む関係を「共生」と呼ぶことはすでに説明しましたが、他の動植物でもさまざまな共生が見られます。たとえば甲らにイソギンチャクが付着しているカニがいますが、カニはイソギンチャクによって外敵から身を守り、またイソギンチャクは、カニにのって移動することができます。お互いのメリットのある共生を相利共生と呼び、片方しか利益をえないものを片利共生と呼ぶことがあります

イソギンチャクは移動できる

カニは外敵から守られる

シロウリガイ

　海底からメタンが湧き出す場所に、真っ白な二枚貝が群れている姿が発見されています。これらはシロウリガイと呼ばれており、その名は瓜（ウリ）に似ていることから名づけられました。シロウリガイの細胞の中には、硫化水素を使う微生物が生息しています。熱水噴出孔の周りにいる他の生物同様、その微生物によって作られた有機物を栄養として生きています。

　シロウリガイの仲間は、200〜6800mまで幅広く分布しています。その生息域は種類によって異なります。大きさは、5cmぐらいから、大きなものでは30cmぐらいまで成長するもの（ガラパゴスシロウリガイ）があります。また、メタンが湧き出す場所だけでなく、熱水噴出孔でも見られます。

「しんかい2000」により、北西太平洋／相模湾で撮影。

「しんかい2000」により、北西太平洋／沖縄本島周辺で撮影。

メタンが湧き出る湧水域とは？

熱水噴出孔で見られる生物の集まりは熱水噴出孔生物群集と呼ばれています。しかし、それらの生物でも熱水噴出孔以外で見られることがあります。

海底には、海水温よりも少し高くメタンを含んだ水が湧き出る、湧水域という場所があります。メタンは泥の中にいる微生物によって硫化水素に変えられます。そのため湧水域には、熱水噴出孔と同じように硫化水素を使う微生物がたくさんいるため、熱水噴出孔にいる生物が暮らすのに適した環境になります。

湧水のメカニズム
- 海洋プレートの堆積物＝海水を多く含む
- 断層に沿ってメタンなどを含んだ水が湧き出てくる
- 海底より約10cmのところで、微生物により硫化水素を合成
- 海洋プレートの堆積物が大陸プレートにこしとられ陸となる
- 圧力
- 大陸プレート
- 海洋プレートの沈み

●クジラの骨の周りにもたくさんの生物がいた

　海底に沈んだクジラの骨の周りにもたくさんの生物が見つかりました。1992年、日本の深海調査船「しんかい6500」が小笠原沖の海底4037mに沈むニタリクジラの骨にその姿をとらえたのですが、それらは熱水噴出孔や湧水域で見つかった生き物たちとよく似たものでした。

　クジラの死がいが海底に沈み、脂肪が分解していくと、そこには硫化水素などの物質がたくさん発生します。そこに硫化水素を必要とする微生物が現われ、その微生物から有機物を得ようとする生物たちがまるのでのす。

　熱水噴出孔や湧水域では、世界各地で同じような生物が見つかっています。しかしそれら

は場所が離れているため、生物たちがどのように広まっていったのか、研究者たちは頭を悩ませていました。しかしクジラの骨に同様の生物がいたことで、生物が広く分布するための中継地点ではないか、と考えられたこともありました。

クジラの骨にあつまる生物の集まりは、鯨骨生物群集と呼ばれています。

鯨の骨に集まるコシオリエビの一種。「しんかい6500」により、北西太平洋／小笠原諸島北部で撮影。

第3章 深海生物の不思議な姿

深海調査が行われる前は、漁でへんな形の魚がつかまったり、また浜に死がいが打ち上げられたりすることで、「深海には不思議な生き物がいる」と考えられてきました。また、探査の技術が進み、私たちは、研究者によって撮影されたさまざまな写真や映像で、その姿を目の当たりにすることができるようになりました。

23

●真っ暗な世界で光を放つ深海生物

チョウチンアンコウ

　真っ暗な深海、そこには自ら光を発する生き物がいます。その中でとくに有名なのがチョウチンアンコウでしょう。

　チョウチンアンコウは、頭の上に背びれが変形した突起（誘引突起：イリシウムと呼ばれている）があり、それが釣竿の役割をするユニークな魚です。その先端のふくらみを発光させ、小魚などが近寄ってきたり、また発光物を放出し驚いた隙を狙って、捕食します。つまり光る部分は、釣りでいえばルアーの役割をするのです。

　チョウチンアンコウは、突起の先端に発光するバクテリアを共生させています。バクテリアはチョウチンアンコウから栄養をもらい、そしてチョウチンアンコウはバクテリアの光る性質をうまく利用してエサをつかまえるのです。

深海生物が暗闇で光る理由とは？

　「食うか食われるか」。生物の生存競争はたいへんきびしいものです。そのため生物は進化の過程でさまざまな機能を身につけます。「光る」機能もその一つ。チョウチンアンコウのようにエサとりのために光る生物もいれば、敵から逃げたりカムフラージュするために光る生物もいます。深海の暗闇を照らしたり、仲間を識別するなど、光ることで過酷な環境を生き抜こうとしています。

　チョウチンアンコウのように体内に発光するバクテリアを取り込んで光る生物もいれば（図）、発光細胞を持っていて自ら光るもの、発光する色を変えるためにフィルターを持っているものなどさまざまです。

　光の届かない深海の世界で光る機能を備えた生物は意外と多くいるのです。

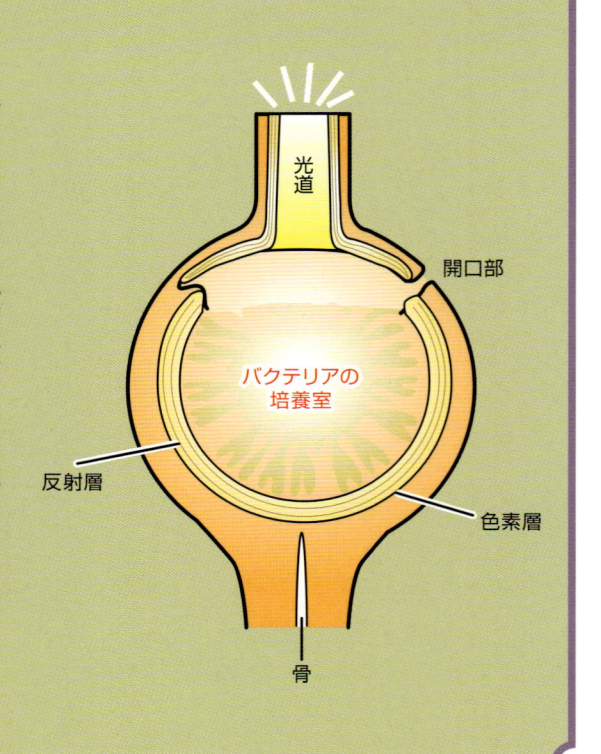

図ラベル：光道、開口部、バクテリアの培養室、反射層、色素層、骨

チョウチンアンコウ。MP126060G:(C)Minden Pictures／ネイチャー・プロダクション。

ホタルイカ

　食卓に並ぶことでなじみ深いイカですが、外敵に教われないように、光ることで自分の影が見えないようにすると考えられています。つまり背景の明るさに自分の体の明るさをあわせるのです。これをカウンターイルミネーションと呼びます。また、強い光を発することで相手をおどろかせることもあります。

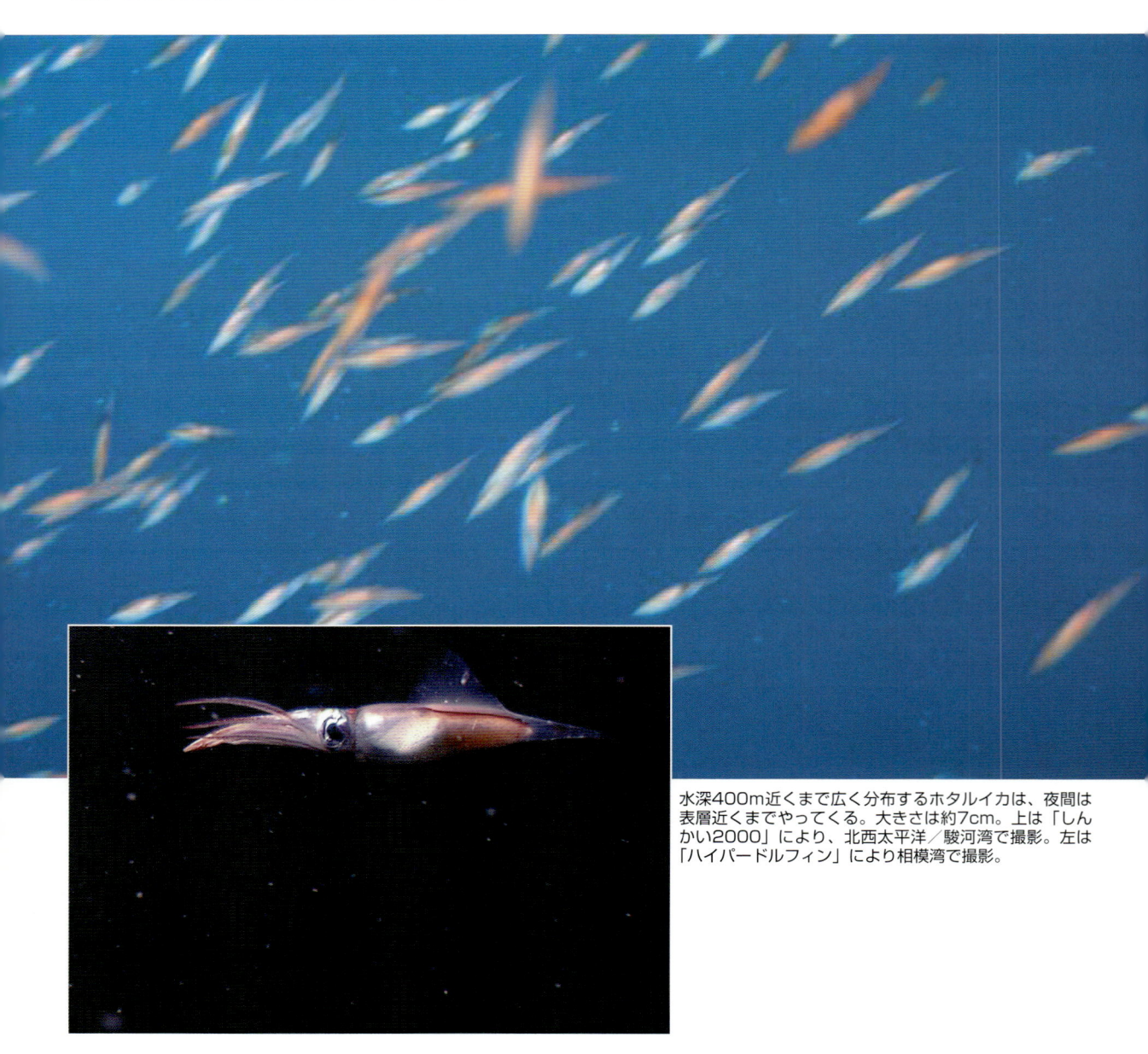

水深400m近くまで広く分布するホタルイカは、夜間は表層近くまでやってくる。大きさは約7cm。上は「しんかい2000」により、北西太平洋／駿河湾で撮影。左は「ハイパードルフィン」により相模湾で撮影。

ハダカイワシ

自ら発行器を持つ魚で、外敵から身を守るのを目的に、カウンターイルミネーションを行います。ハダカイワシは深海だけでなく、浅い海へ移動します。そのため、自分よりも深いところにいる外敵に、自分の影を見られないようにしていると考えられています。また、仲間を識別するためにも光を使用します。

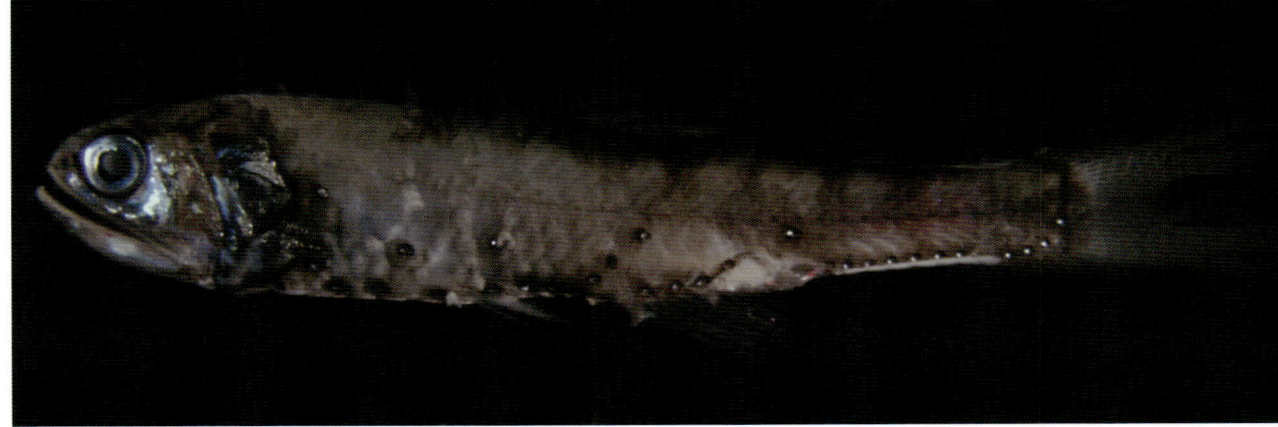

水深400mで採集されたハダカイワシの仲間（コビレハダカ）。写真提供：喜多村 稔（JAMSTEC）。

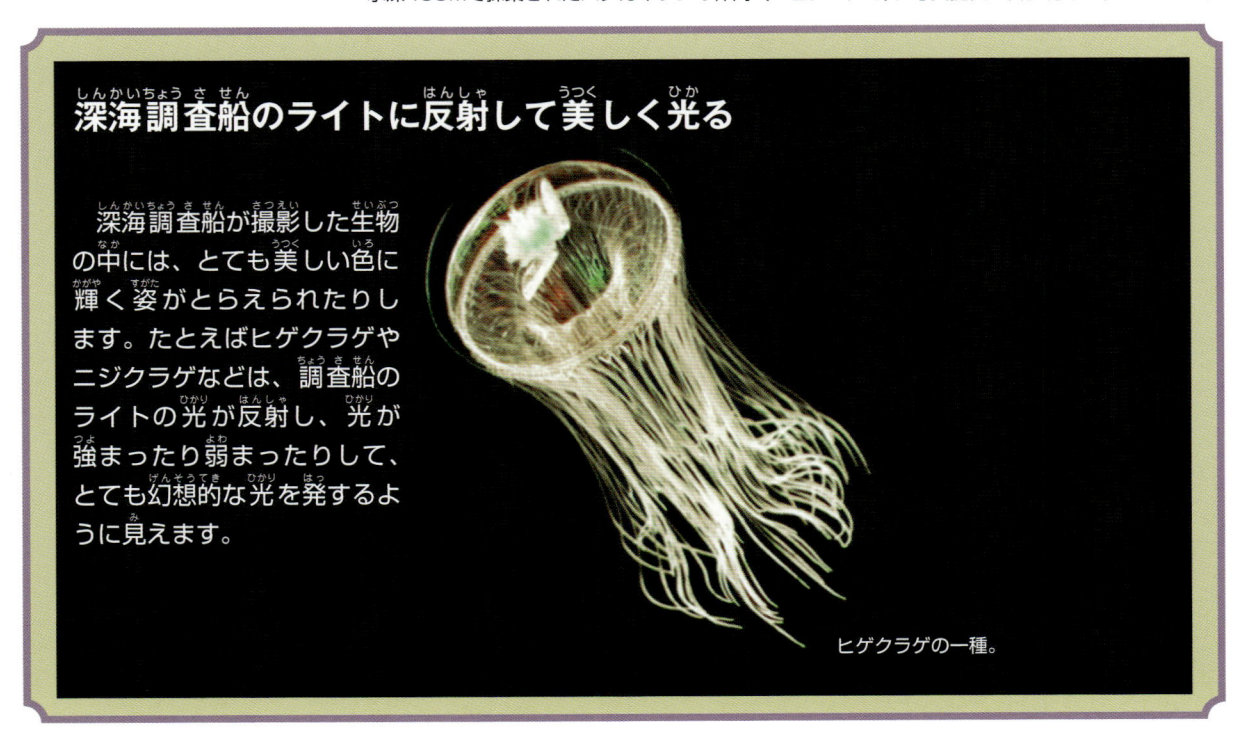

深海調査船のライトに反射して美しく光る

深海調査船が撮影した生物の中には、とても美しい色に輝く姿がとらえられたりします。たとえばヒゲクラゲやニジクラゲなどは、調査船のライトの光が反射し、光が強まったり弱まったりして、とても幻想的な光を発するように見えます。

ヒゲクラゲの一種。

ムラサキカムリクラゲ・ニジクラゲ

　ムラサキカムリクラゲは、外敵に襲われると体全体を光らせます。クラゲには、外敵に襲われた際に光る触手を切り離してその隙に逃げるニジクラゲ、自分を大きく見せるために光るテマリクラゲなど、光を上手に利用した仲間が存在します。また光を当てると虹色に反射するクラゲもいて（ヒゲクラゲ、テマリクラゲ他。前ページカコミ参照）、しばしば深海調査船のカメラに美しい姿がとらえられています。

ムラサキカムリクラゲ。「ハイパードルフィン」により、伊豆大島東方沖で撮影。水深805m。水深500〜1500mに棲息する。

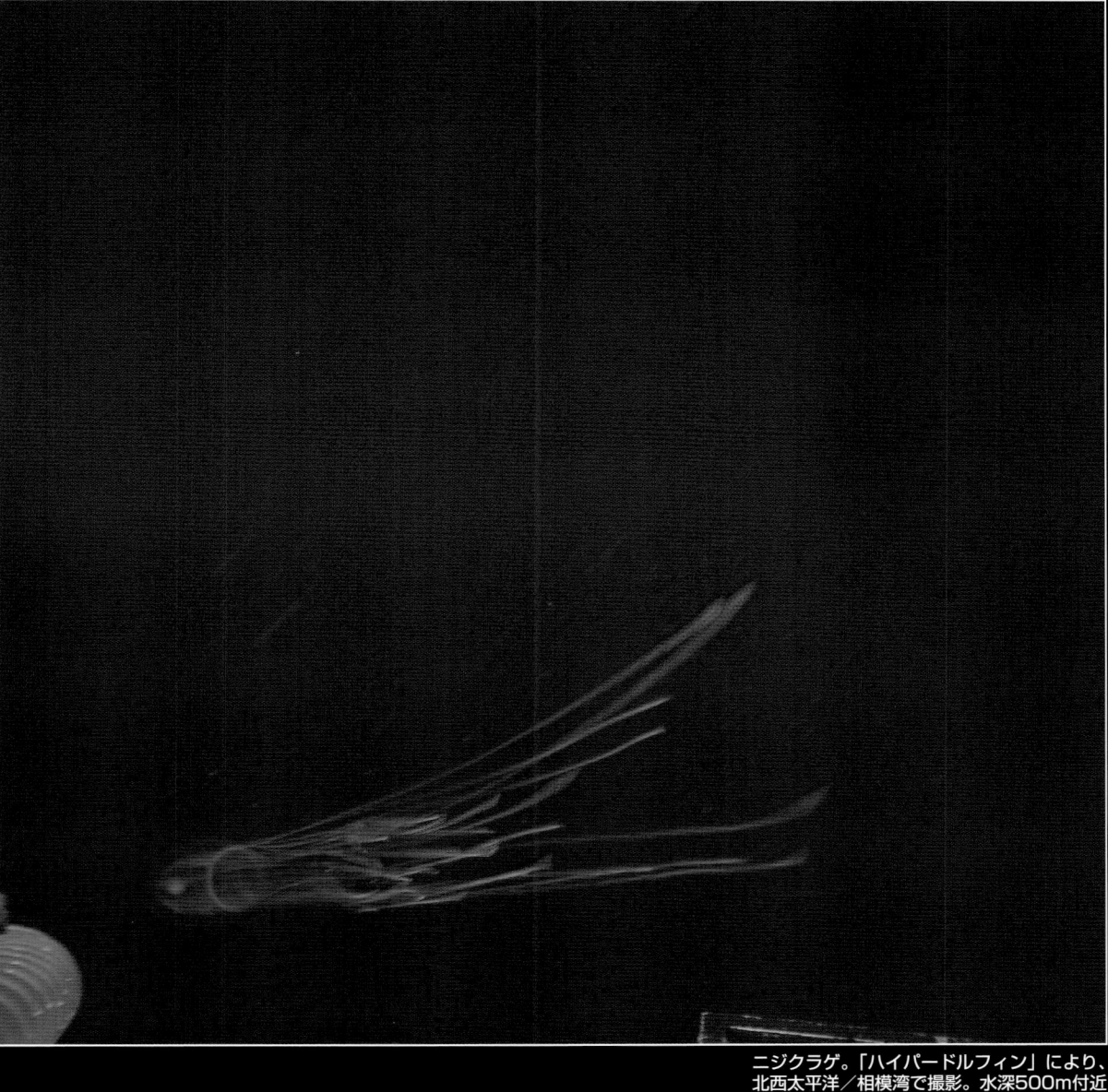

ニジクラゲ。「ハイパードルフィン」により、北西太平洋／相模湾で撮影。水深500m付近

●海底にへばりついてエサを待つ深海生物

深海に咲く妖しい花？　海底でゆれるウミユリ

　一見植物のように見え、またその名前から植物と勘違いをしてしまいそうですが、ウミユリは、ヒトデやイソギンチャクなどと同じ仲間の棘皮動物で、世界中の深海に棲息しています。茎や巻枝と呼ばれる部分で海底に体を固定し、花びらのように見える、たくさんの長い腕を漂わせ、近づいてくるプランクトンやマリンスノーなどを、腕の付け根のあたりにある口へと運びます。

　ウミユリは恐竜の時代にも生息していたことが化石の研究からわかってきています。ウミユリは昔、温暖な海に生息していたとされているため、その化石が出てくる場所の環境がわかります。このような化石のことを示相化石と呼びます（年代がわかる化石を示準化石と呼びます）。

ウミユリの仲間は、比較的浅い海から、6000mの深海まで、幅広く棲息している。古生代（約5億4200万～約2億5100万年前）半ばの化石から見つかっている。

ウミユリの化石（モロッコ）。（写真：独立行政法人 産業技術総合研究所 地質標本館（GSJ F 15795））。

示準化石と示相化石

　化石を調べることによって、その地層が昔どんな環境だったかがわかることがあります。その化石のことを示相化石と呼びます。たとえば海の生物がたくさん出てきたり、淡水に棲む生物が出てきたりすれば、その場所は昔海だったり、湖だったことがわかります。

　また、その生物が棲んでいた年代がある程度わかっていると、他の場所で同じ生物の化石が出てきたら、その場所がどのぐらい前の地層だったかがわかります。このように地層の年代のわかる化石を示準化石と呼びます。

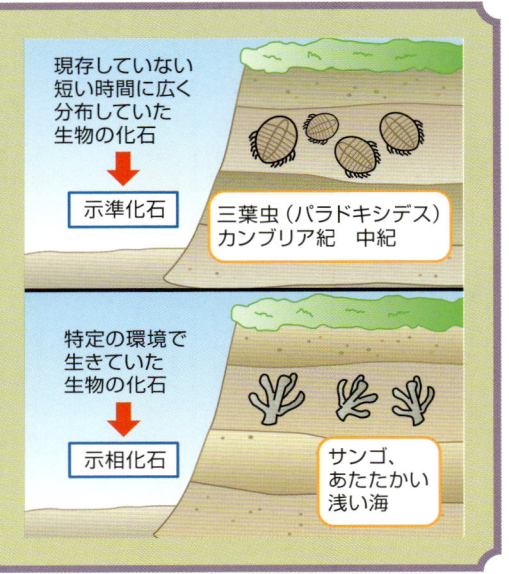

現存していない短い時間に広く分布していた生物の化石
→ 示準化石
三葉虫（パラドキシデス）カンブリア紀　中紀

特定の環境で生きていた生物の化石
→ 示相化石
サンゴ、あたたかい浅い海

海底に根ざす美しい"花かご" カイロウドウケツ

　カイロウドウケツは海綿と呼ばれる生物の仲間で、ガラス質（二酸化ケイ素）の骨格を持ち、その美しさから英語では「ビーナスの花かご」という名前がつけられていて、引き上げられたものを観賞用として楽しむ人たちもいます。

　カイロウドウケツは、水深約1000mほどの砂や泥の海底に突き刺さるようにその体を固定しています（写真では、倒れてしまっています）。大きさは5〜20cm程度、エサは海流で運ばれてくるプランクトンやマリンスノーです。

　カイロウドウケツの体内には、ドウケツエビが暮らしています。このエビは子どものときにカイロウドウケツの体内に入り込み、一生をそこで終えるといわれていましたが、どうも出入りしているようです。ドウケツエビは、カイロウドウケツのエサの残りを食べ、そしてガラス質の骨格に守られながら生きます。

まるで植物のように体を固定して生きる動物たち

陸上の生物では、自由に動き回るのが動物、体を土地に固定して生きるのが植物ですが、海には、まるで植物のように、海底に体を固定して生きる生物たちがたくさんいます。これは、進化の過程で、自ら泳ぎ回ってエサを探すのではなく、海水の流れによって運ばれてくるプランクトンやマリンスノーを捕獲することを選択したことによります。海水の流れに身を任せ、じっとエサがやってくるのをまっているのですが、それらを捕まえるために大きな腕を伸ばしたり、大きな口を開けたり、エサを呼び込むワナを仕掛けたりと、さまざまな特徴が見られます。

オトヒメノハナガサ（「しんかい2000」により撮影）

「ハイパードルフィン」により、北西太平洋／四国沖で撮影。

大きな吸い込み口でエサを待つオオグチボヤ

　パックリと口をあけてエサを待つ姿がとても印象的な生物です。大きな口のように見えるものは入水口と呼ばれ、流れてくるエサを、海水ごと体内に取り込みます。入水口の上部には、エサをこしとった後の海水を出す、出水口が見られます。

　オオグチボヤは、子供の頃は海を泳ぎまわり、大人になると岩にくっついて、写真のような姿になります。体長は15cmほどで、海底にその大口を開けていますが、外敵に襲われるとその口を閉じます。またオオグチボヤはホヤの仲間で原索動物に分類されています。原索動物は、子供の時期だけに脊索という器官を持っています。私たち脊椎動物がもっている脊椎の原始的なもので、脊椎動物とは近縁ではないかと考えられています。

　富山湾の水深700m付近で、同じ方向を向いたオオグチボヤの群れが発見されています。

「ハイパードルフィン」により、北西太平洋／富山湾で撮影された。

●海底で行動する深海生物たち

世界一大きなタカアシガニと真っ赤なエゾイバラガニ

　深海にはたくさんのエビやカニの仲間が棲んでいます。写真は、そんな仲間の中でも世界一大きなタカアシガニです。脚を広げると３ｍを超える大きさになります。

　日本近海の水深300ｍ付近に数多く棲息していて、春の産卵時期には比較的浅いところにやってきます。

　エゾイバラガニは、水深700～1600ｍの深海で群れをなしている姿が発見されています。エゾイバラガニはヤドカリの仲間で、真っ赤な体色をしています。赤色は、深海では黒っぽく見えることから、外敵から身を守る保護色になっていると考えられます。

世界一大きなカニ、タカアシガニ。「しんかい2000」により、北西太平洋／駿河湾で撮影れた。

エゾイバラガニ。「しんかい2000」により、北西太平洋／相模湾で撮影。甲らの大きさは10cm。

クモヒトデとはどのような生物か？

　写真は、ヒトデやウニの仲間の棘皮動物、クモヒトデです。5本の細長い腕はムチのように自由に動き、その腕を使って、海底をすばやく移動することができます。海底で密集する姿も撮影されています。
　大きさは10cm程度。種類によっては60cm以上にもなるものもいます。エサは海底に落ちてくる魚の死がいやマリンスノーがつもったもの、またプランクトンや小魚などです。

「しんかい2000」により、北西太平洋／小笠原諸島南部で撮影。

全身がほとんど脚のウミグモ

　体全体がほぼ脚という不思議な生物がウミグモです。4対の長い脚を器用に動かし、海底を歩き回ります。ウミグモの仲間は、吻と呼ばれるスポイトのような口を持っていて、それを体のやわらかいイソギンチャクなどに突き刺してエサとしているとされていますが、詳しいことはまだあまりわかっていません。海水の流れに身を任せて海中を漂う姿も見られます。
　写真はナスタオオウミグモで、水深910mの深海で撮影されました。体長は8mm、脚の長さは6cm程度です。ウミグモにはたくさんの仲間がいて、その中にはベニオオウミグモのように、脚を広げると30cm以上になるものもいます。陸上のクモとは、容姿が似ているだけで、他、あまり共通点はありません。

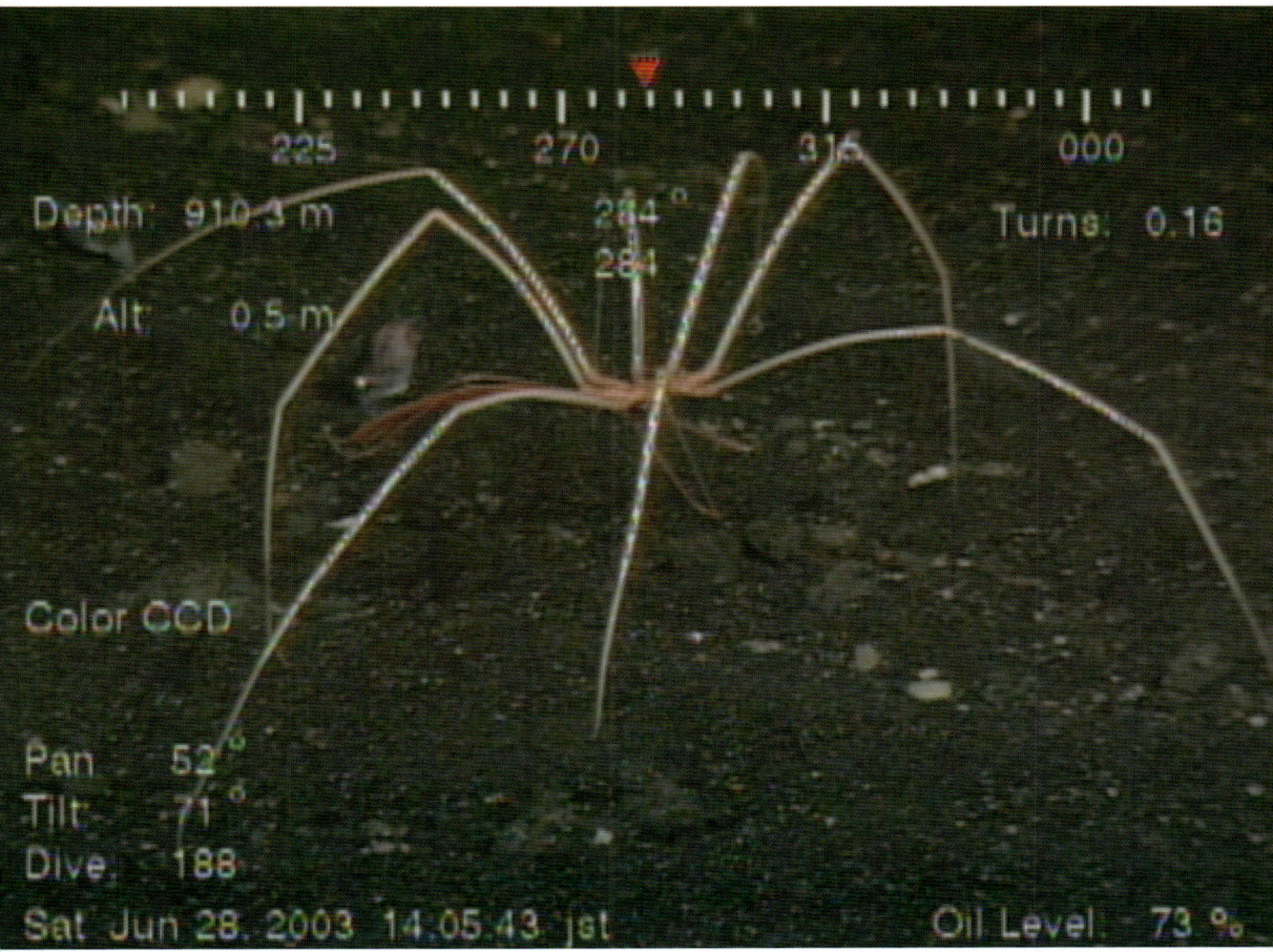

「ハイパードルフィン」により、北西太平洋／小笠原諸島南部で撮影。

金属の鎧をまとった深海生物 スケーリーフット

　エサのとぼしい深海では、いつ自分が外敵に襲われるかわかりません。そこで身を守るために金属を身にまとってしまった巻貝がいます。

　スケーリーフットは、2001年にインド洋水深2500mで発見されました。熱水噴出孔からでる熱水に溶け込んでいる硫黄と、鉄を取り込み、体内に棲んでいる微生物によって硫化鉄を合成させます。その硫化鉄がウロコ状に足を覆っています。この鎧のおかげで、柔らかい足を安心して伸ばし、移動することができるのかもしれません。

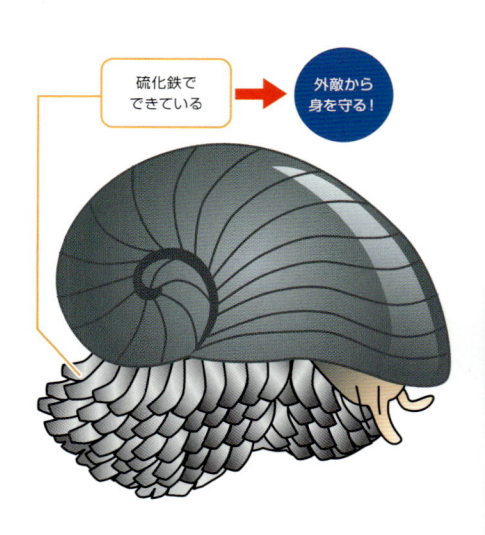

硫化鉄でできている → 外敵から身を守る！

群で見つかったスケーリーフット。「しんかい6500」により、インド洋／インド洋中央海嶺で撮影。

殻の幅は20mm、殻の高さは30mm。写真は標本。
写真提供：土田 真（JAMSTEC）・橋本 惇（長崎大学）

深海の巨大ダンゴムシ
ダイオウグソクムシ

　陸上に棲むダンゴムシやワラジムシの仲間で、大きいものでは体長50cm、重さ2kg近くになります。水深数百から、深いところでは2000mの深海に棲息しています。海底に降り積もった有機物や動物の死がいなどを、強力な顎と、歯を使って食べるので、「海の掃除屋」というあだ名が付いています。ちなみにグソクとは、鎧や兜のことで、それらを身にまとっているような風貌から名づけられています。

　つねにエサを求めて海底をはっていると思いきや、実はヒレのように発達した器官があり、それを使って体をくねらせながら泳ぐことができます

ダンゴムシの仲間だが、その大きさに驚かされる。エサの少ない深海でも生きていけるよう、一ヶ月程度の絶食に耐えられる（写真提供：新江ノ島水族館）。

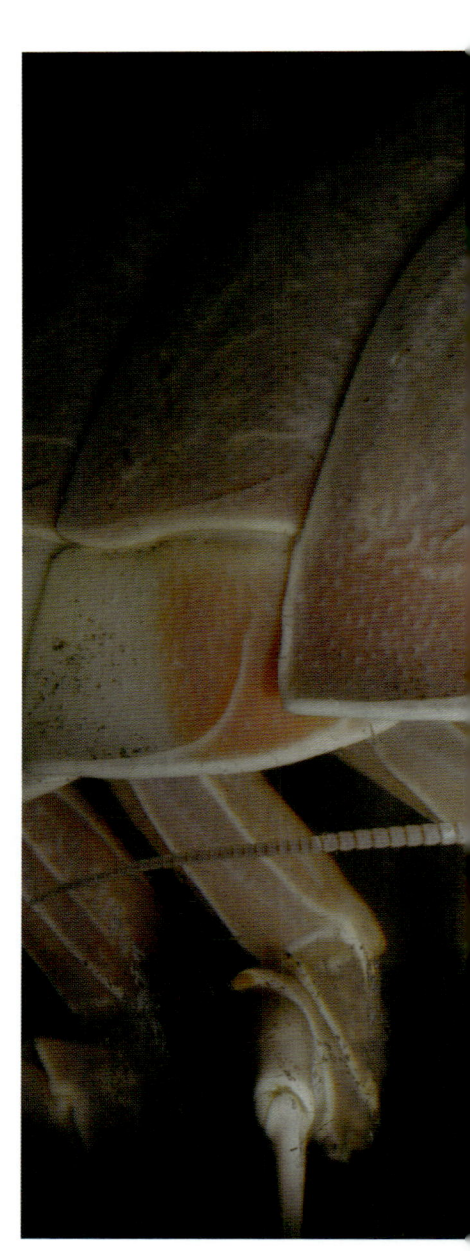

ダイオウグソクムシのアップ（写真提供：新江ノ島水族館）。

泥に含まれるエサを探して歩くセンジュナマコやクマナマコ

　深海底は、食べ物がたいへん少ないところです。水深6500mともなればなおさらでしょう。そんな深い海の底をはうように歩くセンジュナマコやクマナマコの姿が撮影されています。

　センジュナマコもクマナマコも左右に複数の足のようなものが生えています。体はゼラチン質で体は透明に近くなります。

　口元にある触手を使って泥を口に運び、その中に含まれるわずかな有機物や微生物などを体内に取り込んで栄養とします。必要なくなった泥はお尻からフンとして捨てます。

　足場の悪い泥にしっかりとふんばり、エサが含まれる泥を口に運び続けます。

背中の突起はなんの役目をするの？

センジュナマコが海底の泥の上を歩くとき、海水の流れにいちいちバランスをくずしたり、エサのないところや外敵の目の前に流されていたりしてはたいへんです。そこで、背中にある3対6本の長い突起でつねに海水の流れを感知して、バランスを保っているようです。海に棲む生物には、同じように海水の流れでバランスをくずさない様に、ヒレなどを使ってバランスをとるものがいます。本書で紹介しているナガツエエソなども、長いヒレを使ってバランスをとっているので、体を海底に固定することができると考えられています。

写真はセンジュナマコ。「しんかい6500」により、北西太平洋／日本海溝、水深6500mで撮影。体長7〜8cm。

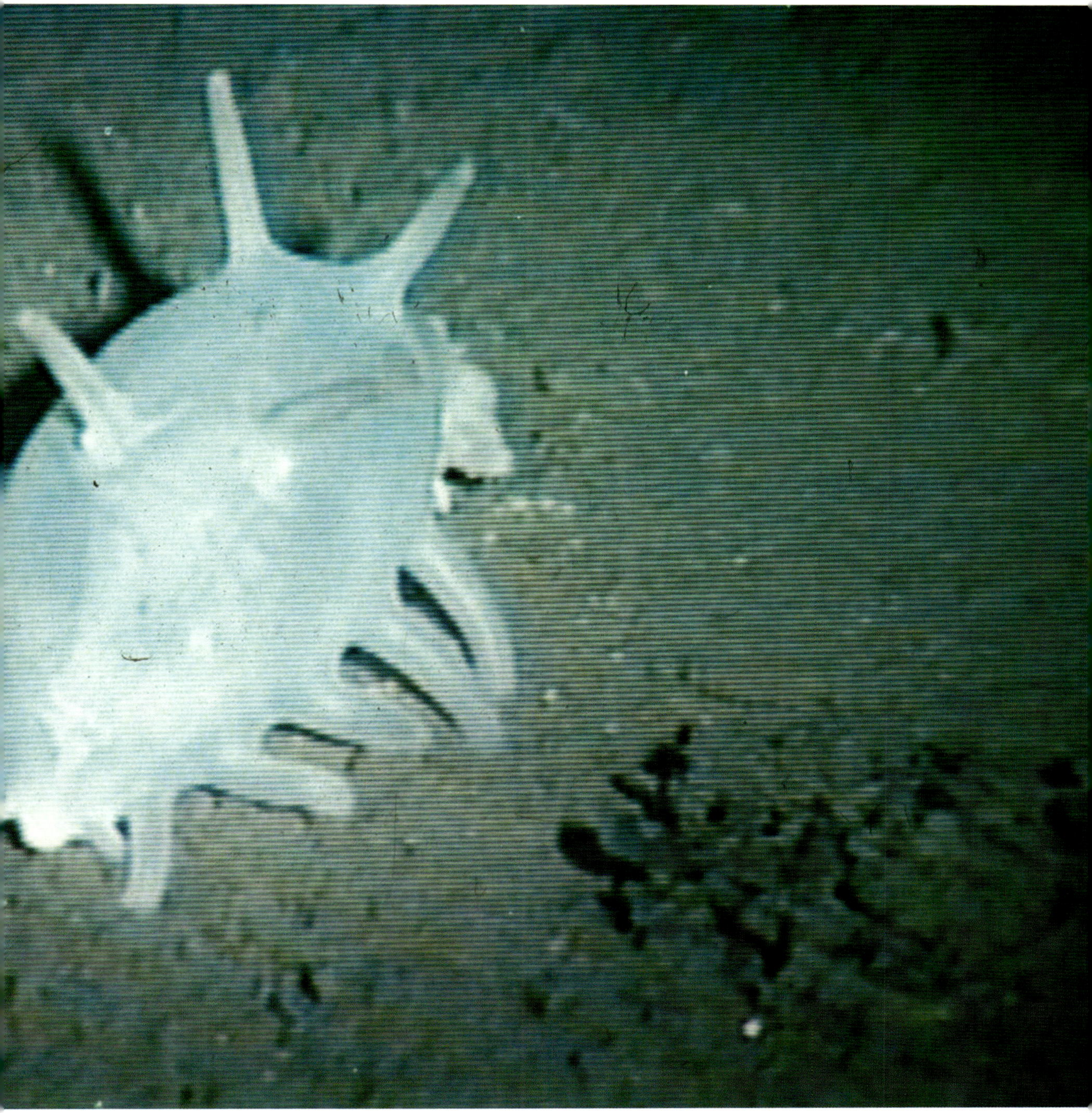

深海に棲むいろいろなナマコたちを紹介します

泳ぐユメナマコ

　センジュナマコやクマナマコは、ゆっくりと海底を歩きますが、ナマコには、泳いだり、ジャンプしたりと、活動的な仲間もいます。

　美しいワインレッド色をしたユメナマコは、疣足が変形したひだを上手に使い、美しく泳ぎます。泳ぐことで活動範囲が広がり、たくさんのエサにありつけたり、また外敵からすばやく逃げることができるでしょう。

　ユメナマコは体長約20cm、水深3000m～6000mの幅広い層で見られます。

「しんかい2000」により、北西太平洋／駿河湾で撮影。

体をＳ字に曲げて泳ぐ

　紫色で、背側がやや淡い色をしたマイクツガタナマコは、30cmほどの体をくねらせて泳ぐ姿が撮影されています。その扁平な形と、体をＳ字に曲げて泳ぐ姿から、「舞い靴形」という名前がつけられました。

「ドルフィン-3K」により、北西太平洋／遠州灘で撮影。水深700〜3000mに棲息する。

エボシナマコ

　体の後方に太く長い突起を伸ばした、奇妙な姿で海底の泥を食すのがエボシナマコ。突起が1本のものもいれば、ふたまたにわかれた種類もいます。長い突起は、海水の流れの中、うまくバランスを取るように、ヨットの帆のような役割をしているといわれています（センジュナマコの突起も同様に考えれています）。

「しんかい6500」により、北西太平洋／日本海で撮影。水深2210〜6400mに棲息する。

最も深い海で見つかった
カイコウオオソコエビ

　マリアナ海溝、水深1万920mというたいへん深い海で、日本の探査機「かいこう」が1998年に発見して話題になりました。「かいこう」がしかけたエサのわなに、たくさんかかっていたのです。1000気圧を超えるたいへん過酷な環境に生きるカイコウオオソコエビは、現在知られている動物としては、最も深い海で暮らす生き物です。

　過酷な水圧のもとで生きるためなのか、体にはワックスがたっぷりと蓄えられています。引き上げられるとワックスにより体表面の海水をはじきます。

　体長は4cmほどで、目は退化しています。真っ暗な深海底で、落ちてくる魚の死がいなどを食べながら生きているのかもしれません。

最も深い海、マリアナ海溝ってどんなところ？

　日本の南、北緯11度21分、東経142度12分に位置している、世界で最も深い海がマリアナ海溝です。1万mを超えるその場所は、もちろん光が届かない暗黒の世界。また水圧も1000気圧を超える過酷な環境です。こんな過酷な場所に、カイコウオオソコエビが存在していたのです。

エサ付きのワナを仕掛けたところ、たくさんのカイコウオオソコエビを捕まえることができた。

「かいこう」の調査により、マリアナ海溝で発見された。

●漂う・泳ぐ…深海生物たちの不思議な姿と生態

「三脚」を立ててエサを待つナガヅエエソ

　深海生物の中には、活発に動き回ってエサを捕るものもいれば、じっと海底にたたずんで、エサが海水の流れにのってやってくるのを待つ魚がいます。後者で、とても風変わりな魚として知られているのが、ナガヅエエソです。

　体長20cm程度、数百m程度から1000mを超えたあたりの深海に棲むナガヅエエソは、ピンと伸びた尾びれと腹びれを使って海底にじっとしています。カメラ三脚のようなその姿から、サンキャクウオとも呼ばれています。とにかくじっとしていることを好む魚で、頭の後ろにあるヒレで海水の流れを感知し、そして近くにいる生物などを食べて生きています。

「しんかい2000」により、紀伊水道、水深825mで撮影。水深610～1300mに棲息する。

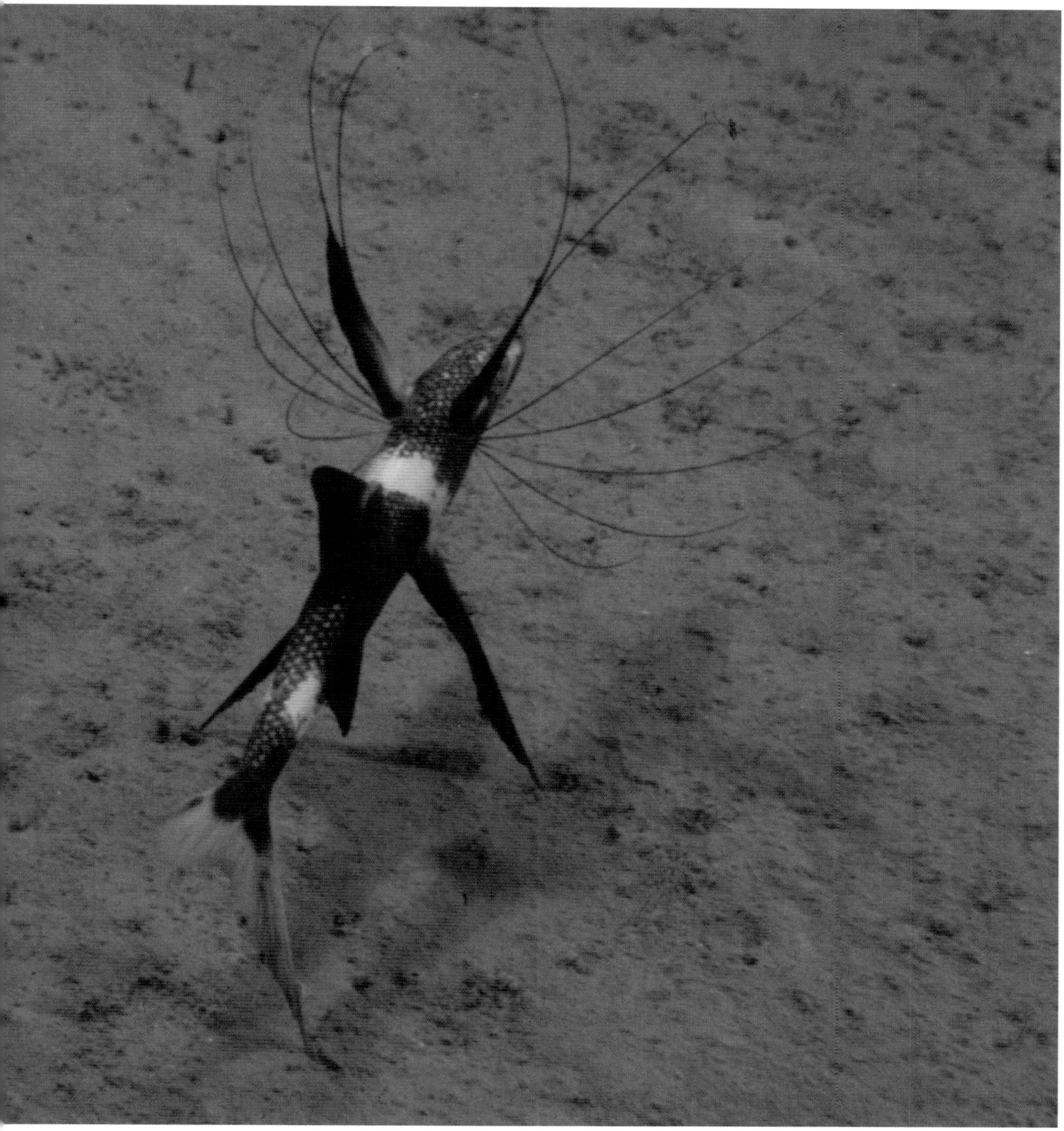

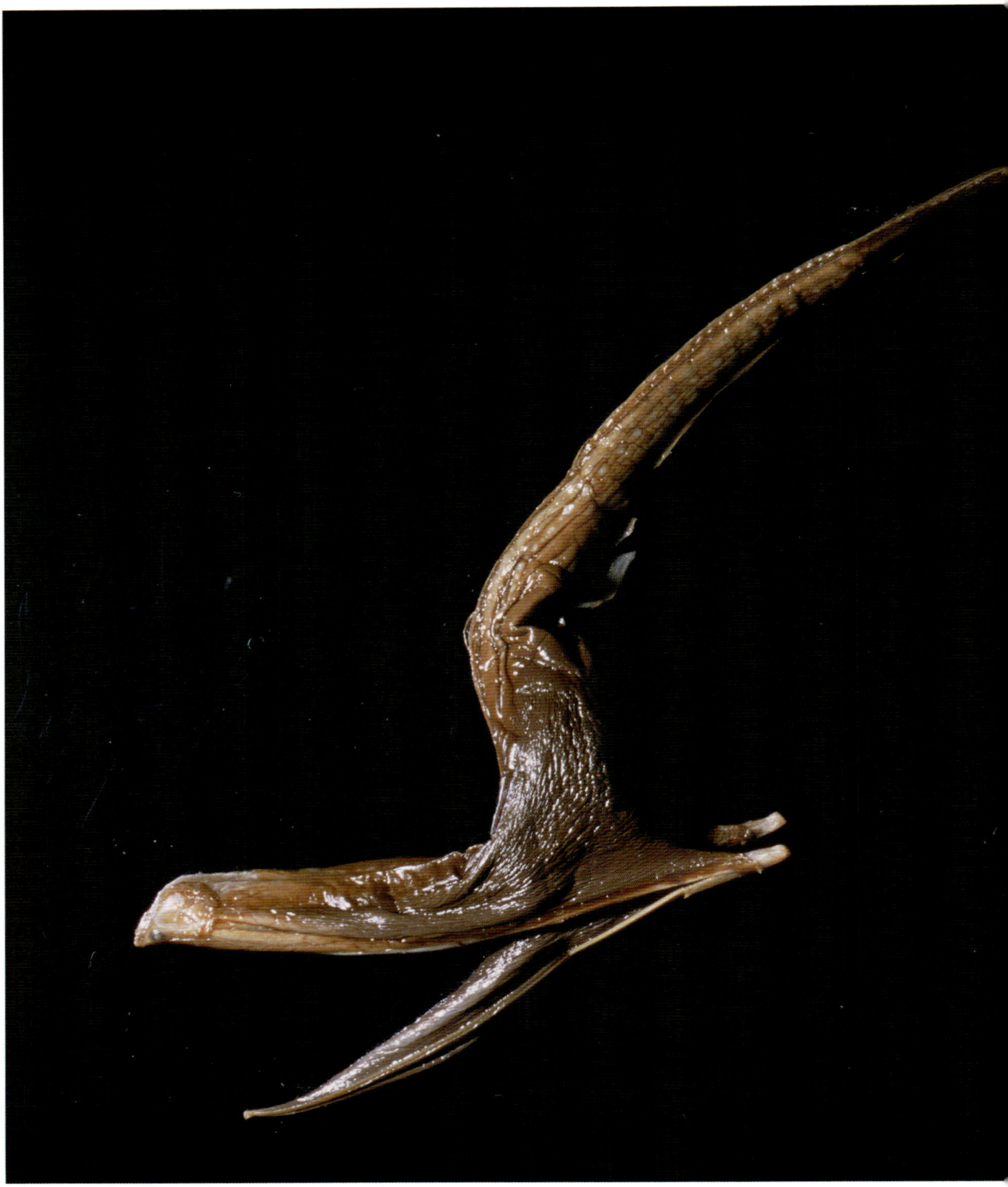

大きな口に驚く！ フクロウナギの口はどうなっている？

　深海に生きる生物たちへの興味がつきないのは、その奇妙な姿にあります。写真のフクロウナギは、とにかく口が大きいのが特長です。大きいものでは全長は2m程度、頭部の95%は口であり、またその頭部からは細い尾がすっと伸びているので、まるで口の大きなオタマジャクシのような姿をしています。

　口が大きい理由は、エサの少ない深海で効率よくエサを捕るためと考えられています。顎の辺りがゴムのように伸びるため、ただ大きいだけでなく、パカッと大きく開くのも特徴です。ただ、歯はあまり大きくなく、また顎の力もあまり強くないため、はげしく動く大きな魚などをつかまえるのは不得意である、と考えれています。大きな口をあけて海水を大量に吸い込み、小エビなどを捕まえると口を閉じて水を排出すると考えられています。

　数cm程度の子供のころは、体全体が楕円形をしていますが、やはりそのころから大きな口が特徴になっています。水深500mから数千mの深い海に広く棲息しています。

　フクロウナギのほかにも、ペリカンザラガレイやフウセンウナギなど、口の大きな生物がいます。いずれもエサの少ない深海でしっかりと生きていくために進化した姿です。

大きな口が特徴のフクロウナギ。
NPL05100G:(C)Nature Picture Library／ネイチャー・プロダクション。

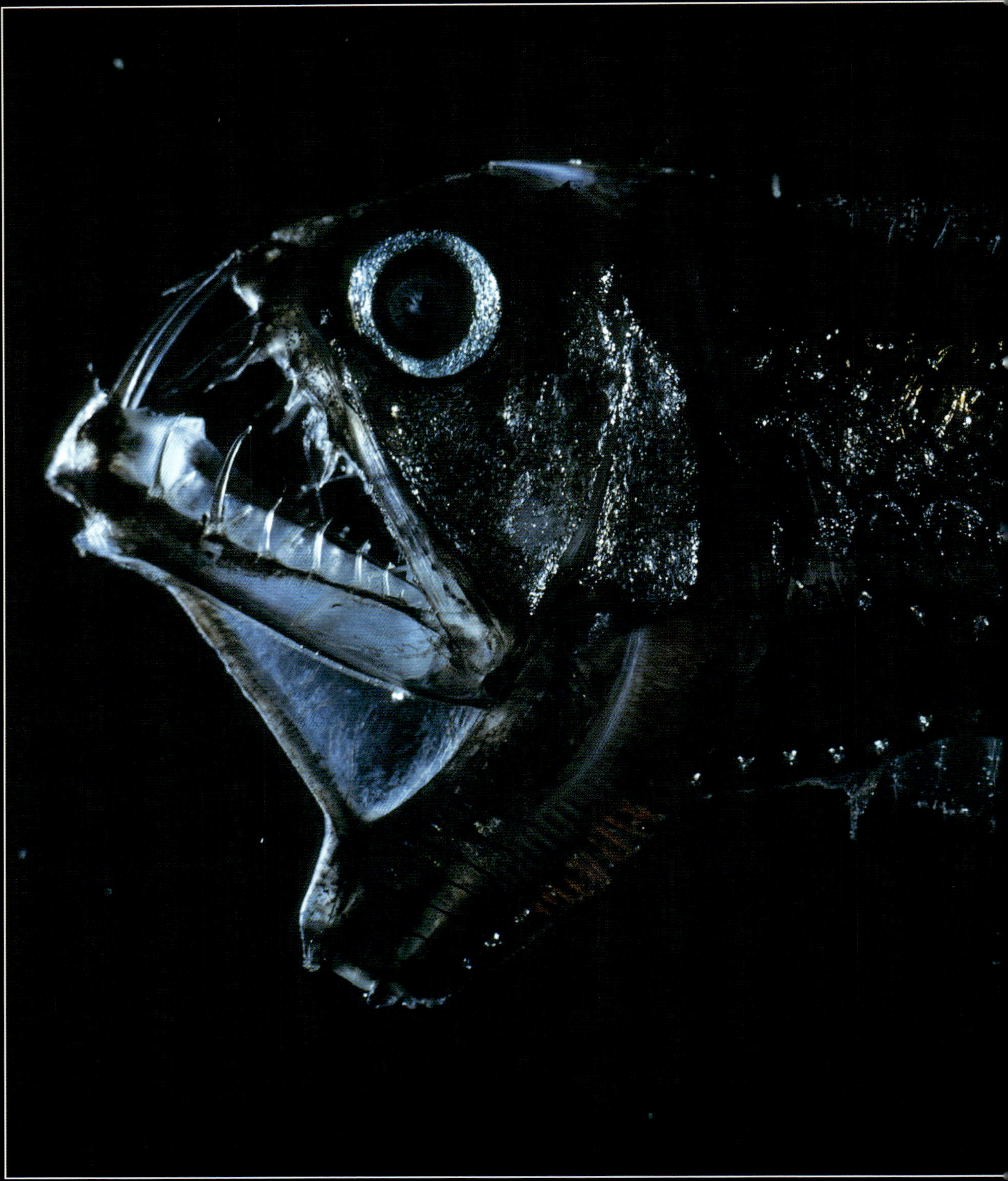

大きな牙で確実にエサをしとめる
こわい顔のホウライエソ

　海を泳いでてこんな顔の魚に出会ったら、それはそれは驚くことでしょう。水深1000m以下に棲むホウライエソは、下あごから鋭い牙が口からはみ出すほどの長さで伸び、エサとなる生物が近づくと、頭をパカッと上に跳ね上げ、口を大きく開きます。その姿から、英語ではマムシ魚という意味の名前がついています。またホウライエソは、口を開いているときは、あごの骨は外れています。

　深海はエサとなる生物が少なく、生きていくのがたいへんな世界です。鋭い歯や大きな口は、ある程度大きな生物にもくらいつくために、また捕まえた生物を逃さないために、このような姿になったのでしょう。またホウライエソは目の後ろに光る部分を持っています。それを光らせてエサとなる魚などをおびき寄せます。近づいた魚は鋭い牙のえじきとなるのです。

　鋭い牙を持った魚は、オニキンメやオニアンコウ、ほかにもたくさん見られます。ホウライエソがそれらの魚に食べられることもあり、深い海で生きていくための戦いがつねに繰り広げられているのです。

鋭い牙が特徴のホウライエソ。
F12473132:(C)Oxford Scientific／ネイチャー・プロダクション。

暗いからこそ目が発達した生物
ボウエンギョとメダマホウズキイカ

　深海は太陽の光がほとんど、またはまったく届かない、とても暗い世界です。そこで、深海の生物は進化の過程で選択を迫られます。目を使わなくても生きていけるようになるか、それとも目をもっと進化させるか…。

　ボウエンギョは、深海の生物が発する弱い光や、生物の影などをしっかりととらえるために進化しました。目はしっかりと前を見ることができる位置についています。しかも両目とも筒状になっていて、まるで望遠鏡が両目についているようです。レンズが大きく、筒の長さが長くなれば（焦点距離が長くなれば）、暗い光や淡い陰影までとらえることができます。エサとなる生物に察知される前に、大きな口と鋭い歯で襲うことができます。もちろん外敵から身を守るためにもたいへん役立ちます。

　ボウエンギョは水深500mよりも深いところに棲息します。体長は10cm程度ですが、種類によっては20cmを超えるものもいます。

望遠鏡が両目、大きな口、鋭い歯が特徴のボウエンギョ。（写真提供：東海大学海洋科学博物館。注：標本の公開は行っていません）

メダマホウズキイカの仲間。「ハイパードルフィン」により、三陸沖、1118mで撮影。大きさは約14cm。水深622～1118mに棲息する。

　メダマホウズキイカの仲間も大きな目をもっていて、エサを探したり、敵の姿をいちはやく察知するのに有利です。また、このイカがおもしろいのは、つねに視界をさえぎらないように、腕をまとめてピンと上に持ち上げたりもします。
　メダマホウズキイカの仲間は、目の下の発光器が光ります。また敵に襲われると体色が赤く変化します。

暗いからこそ目の機能を捨てた生物
ヌタウナギ

　水深1000mを超えると、そこは光の届かない真っ暗な世界です。そこでは、目でエサを探したり、外敵から身を守ったりすることがむずかしくなります。そのため、目が退化してたいへん小さくなってしまったり、目そのものがなくなってしまった生物もいます。

　写真は、1000mを超える深海にも生息するヌタウナギの仲間です。深海で暮らすうちに目が退化して体に埋まってしまい、ほとんどその役割はなさないとされています。その分、嗅覚が発達して、エサとなる魚の死がいなどを匂いで察知します。

　ヌタウナギは、ヌタ腺と呼ばれるところからねばねばした液を出します。その液は、エサとなる生物のエラに詰まり、その生物を窒息死させる役割をもっています。
　また敵から襲われた時、身を守るためにも役立っています。

エサとなる貝に集まるヌタウナギの仲間。「ハイパードルフィン」により、北西太平洋／先島群島周辺で撮影。

「しんかい2000」により、北西太平洋／相模湾、水深747mで撮影。

人間より大きなイカ
30cmの目でエサを探すダイオウイカ

　浅い海から深い海まで、さまざまなイカが棲息しています。そんなイカの中で、なんと人間よりもずっとずっと大きなイカが深海に棲んでいます。その王者というべきイカがダイオウイカです。ときおり海岸に打ち上げられたり、漁の網にかかったりして、話題になります。

　ダイオウイカは、胴体の部分が1.5～2mぐらい、腕まで含めると6m近く、もっと大きいものでは18mぐらいの大きさのものまで見つかっています。目の大きさは30cmにもなるそうで、地球上最大です。

　ダイオウイカの生態はまだほとんどわかっていませんが、近年、日本の研究者によって泳ぐ姿がとらえられています。以前はゆっくりと泳ぐと思われていましたが、意外と速く泳ぐことがわかってきました。

　ダイオウイカを捕まえれば、さぞかしたくさんのイカのお刺身が食べられると思うでしょう。しかし、深海に棲む多くのイカは、浮力を得るために体に塩化アンモニウムという物質がたくさん含まれています。この物質によって、残念ながら食べてもおいしくないとのことです。

　ダイオウイカのほか、ニュウドウイカと呼ばれるイカも、体長数mになります。

水深650mから釣り上げられたダイオウイカ。体長約3.5m、体重約50kg。平成18年12月、日本の研究者によって、世界で初めて生きている姿を映像におさめた。（写真提供：窪寺恒己　国立科学博物館）

腕と腕の間に薄い膜がある不思議なタコ
メンダコとジュウモンジダコ

　タコといえば8本の長い腕を自由にくねらせる姿を思い浮かべるますが、深海に棲んでいるタコの仲間には、ちょっと違う姿・形をしているものがいます。
　まずはメンダコ。真っ赤な色のフリスビーのような姿をしていますが、腕と腕の間に薄い膜があり、それをあおるようにしながら、クラゲのようにゆっくりと浮上します。また両目の近くに、かわいい小さなヒレがあります。泳ぐときは、このヒレも動かします。

真っ赤な色をしたメンダコ。「しんかい2000」により、北西太平洋／相模湾、水深1060mで撮影。

吸盤が光るジュウモンジダコ。「しんかい2000」により、北西太平洋／小笠原諸島北部、水深1380mで撮影。

　メンダコよりも大きなヒレを持つジュウモンジダコの仲間は、メンダコと同様に腕と腕の間に膜があり、泳ぐときはそのヒレと膜をうまく使ってバランスをとっています。
　ふつうタコといえば吸盤を持っていて、岩に吸い付いて自らを固定したり、エサに吸い付いて離さないようにしますが、ジュウモンジダコの吸盤は吸い付くことはできず、かわりに光ることができます。この光でエサとなる魚などをおびき寄せるのかもしれません。そして、腕と膜でエサをつつみ込むように食べると考えられています。
　メンダコは体長20cm程度で水深200〜1000m、ジュウモンジダコは体長40〜50cm程度で、水深500〜4000mに棲息しています

動物界一の大きさを誇るクダクラゲの仲間

浅い海から深い海まで、クラゲの仲間はたくさん棲息しています。ふつうクラゲと聞くと、お椀をひっくり返したような形でフワフワと海を漂う姿を思い浮かべますが、深海で見つかったクダクラゲはちょっと違います。

クダクラゲは、たくさんの個虫が集まって生きています。個虫は、泳いだり、エサを捕まえたり、仲間を増やしたりといった役割を分担して生きています。

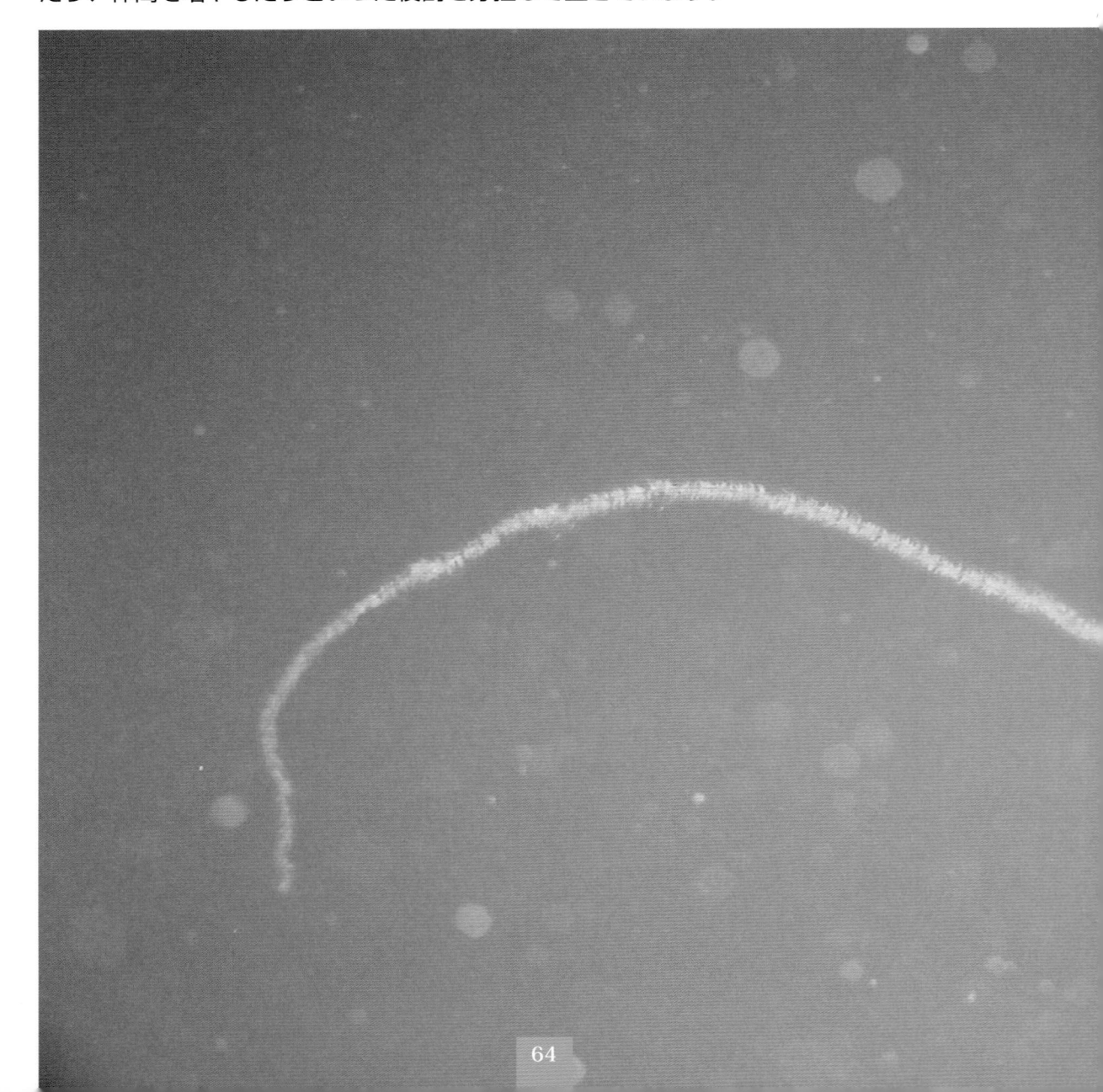

クダクラゲは、漁でかかったり、調査するために捕まえようとしても、体がとてもやわらかいために壊れてしまい、その全体像はわかっていませんでした。深海調査船によって撮影されるようになってはじめて、その生態がわかってきたのです。
　クダクラゲの仲間は一匹の個虫は小さいのですが、つながると全長10m以上、長いものでは40mを超えるものがあります。つながれば、シロナガスクジラよりも大きくなるのです。

オオダイダイクダクラゲ。「ドルフィン-3K」により、北西太平洋／相模湾、水深794mで撮影。

●深海で発見されたさまざまなクラゲたち

お椀のかっこうをしたクラゲ

クラゲにはさまざまな形や色や大きさのものがいます。写真のリンゴクラゲは傘の大きさが25cmで、他のクラゲなどを食べて生きています。

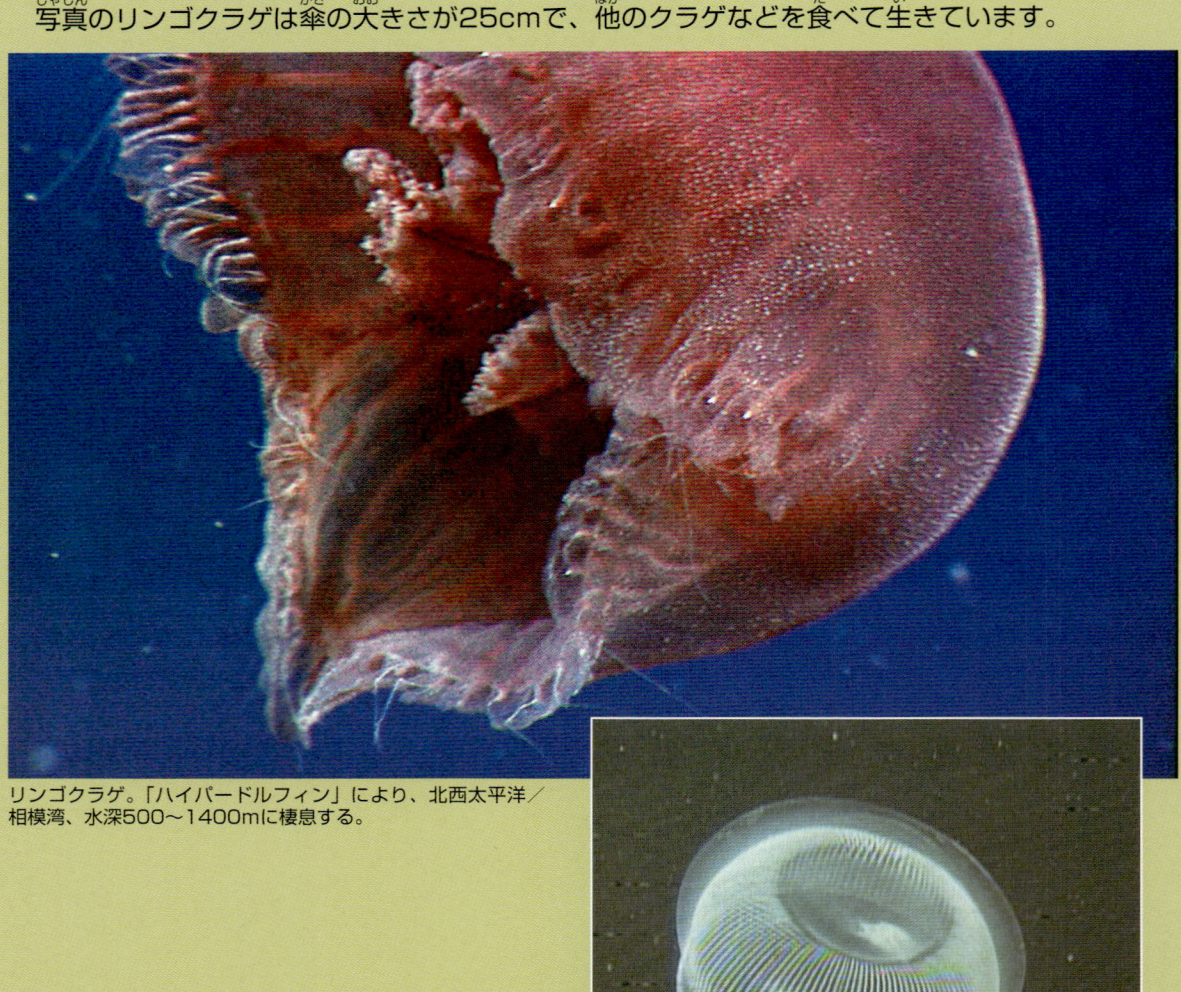

リンゴクラゲ。「ハイパードルフィン」により、北西太平洋／相模湾、水深500〜1400mに棲息する。

深海には、ひじょうに美しい姿をしたオワンクラゲの仲間がたくさん発見されている。

光るクラゲ

　全身が光るムラサキカムリクラゲは、自らのシルエットを目立たなくさせています（28ページ）。他にも光るクラゲがたくさんいます。敵に襲われると虹色に光らせた触手を切り離し、相手がそれに気をとられているときに逃げるニジクラゲなども見つかっています（29ページ）。

楕円形の体をしたクラゲ

　いわゆるお椀型のクラゲとはまったく別の仲間にクシクラゲといういう種類がいます。クシクラゲには、ウリクラゲ、カブトクラゲ、フウセンクラゲなどが知られています。体の周りに、スジが8列あることが特徴です。写真はウリクラゲの仲間です。また赤紫色をしたアカカブトクラゲ（68ページ）は、調査船のライトの反射で美しく光る様子がとらえられています。

　そのほかクシクラゲの仲間で奇妙な姿で体を海底に固定する種類が、日本の深海調査によって見つかっています（69ページ）。無人探査船「かいこう」によって発見されたフウセンクラゲの仲間は、1.5m～2.5mのフィラメントと呼ばれる部分で海底に体を固定し、2本の長い触手を伸ばしてエサを捕まえます。

ウリクラゲの仲間。「ハイパードルフィン」により、北西太平洋／相模湾で撮影。

アカブトクラゲの仲間

「しんかい2000」により、北西太平洋／相模湾で撮影。水深600〜1000mに棲息する。

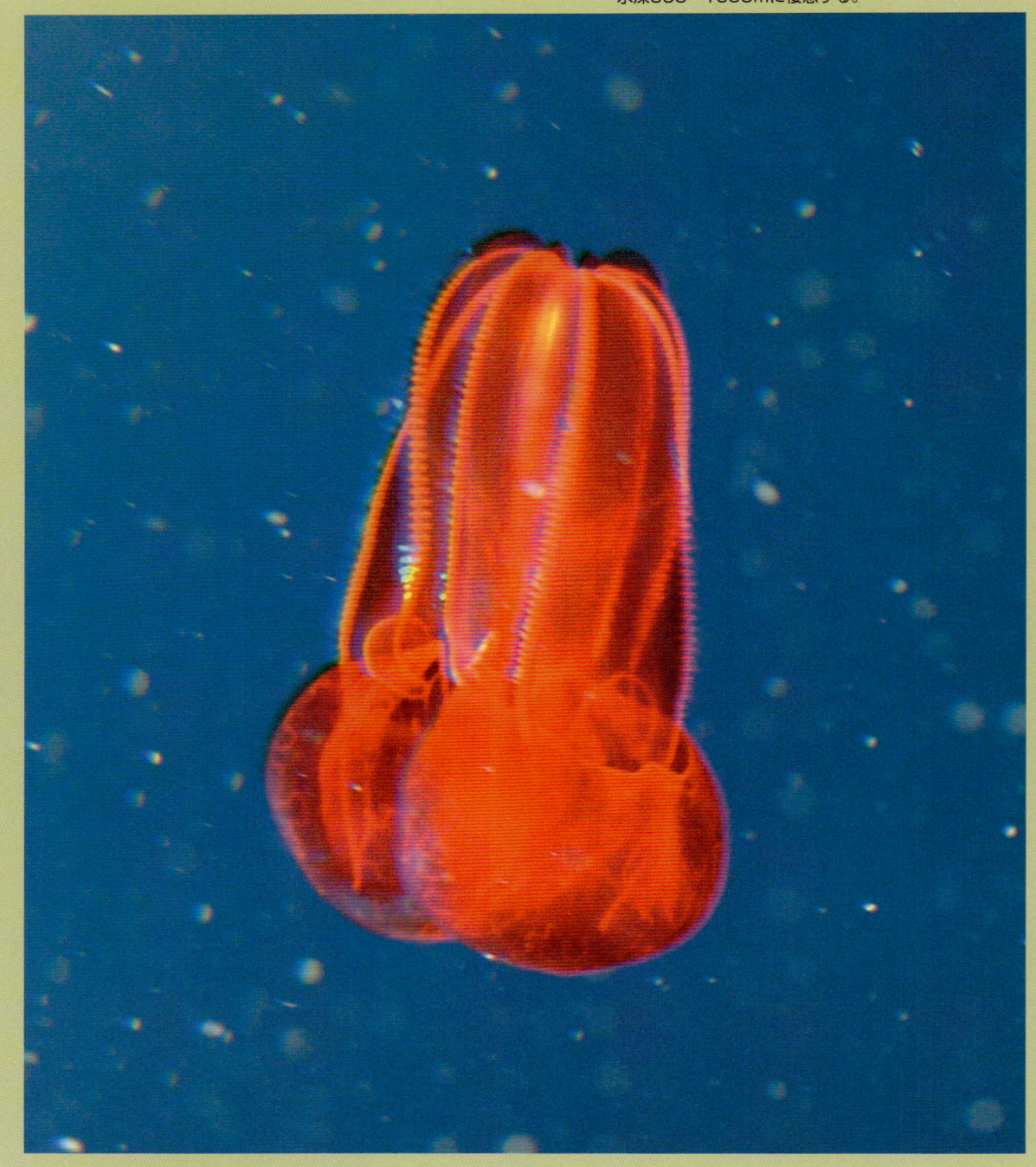

種類がわからないクシクラゲ

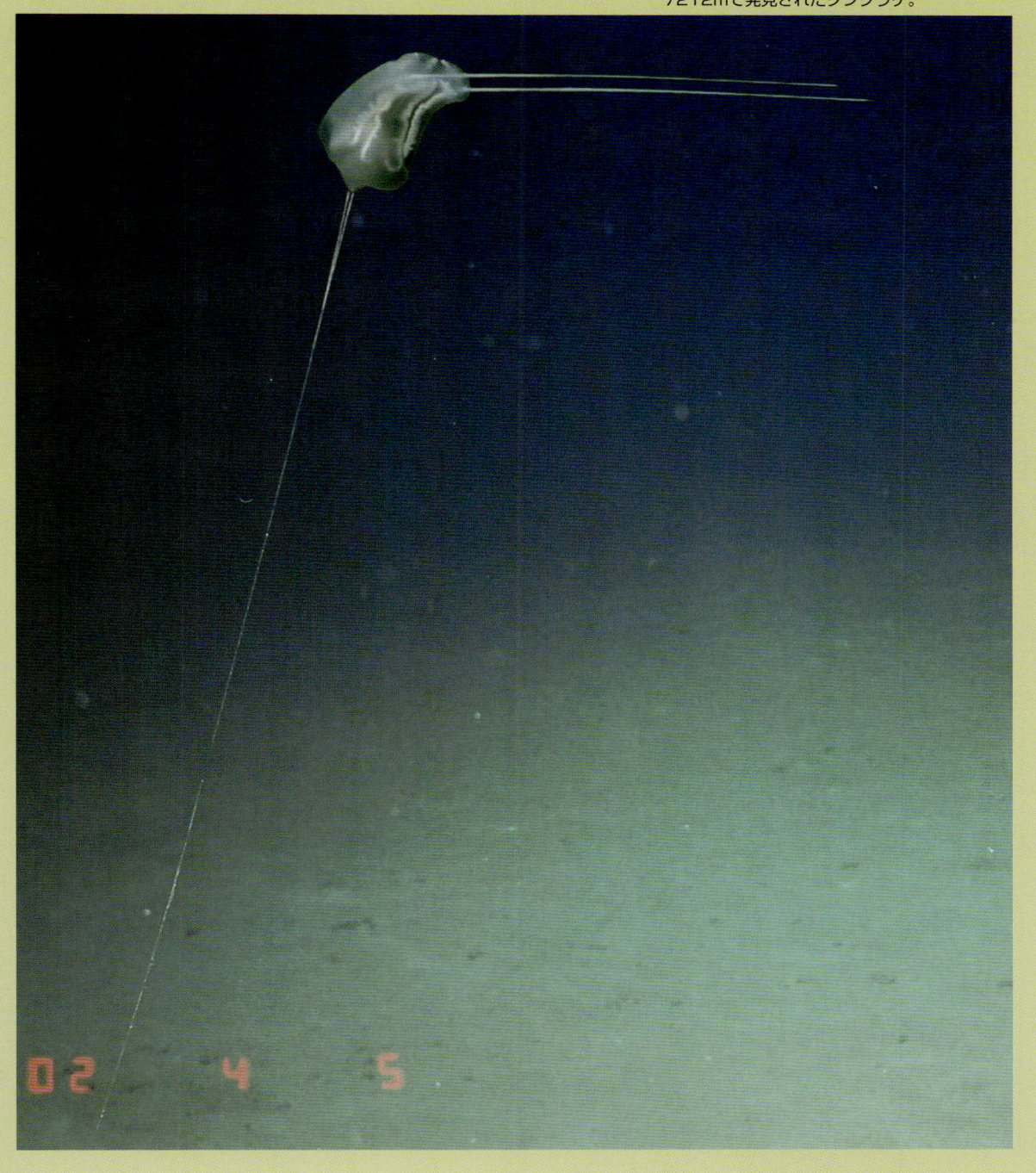

「かいこう」により、南西諸島海溝、水深7212mで発見されたクシクラゲ。

巨大な口をした大型のサメ、メガマウス

　海にはさまざまなサメが棲んでいます。最近では、深海調査船のカメラによって映し出されるものもいますが、その多くは、魚網にかかったり、死がいが海岸に打ち上げられたりして、私たちはその存在を知ることができます。
　体長5mを超える大型のサメ「メガマウス」は、海のずっと深いところに生きていると思われがちですが、実は水深200m、深海の入口ぐらいまでの、比較的浅い海に棲息しています。その名のとおり大きな口をしているのが特徴です。まだ泳ぐ姿はカメラで撮影されたことはありませんが、世界各地で死がいが魚網にかかったり打ち上げられています。まだ発見例が少なく詳しい生態はわかっていませんが、歯はとても小さく、私たちがしっているような獰猛なエサ捕りをするのではないと考えられています。その大口でエサを海水ごと取り込み、あとで海水だけ体外に排出します。これは、ジンベエザメやウバザメ、はたまたクジラのように大きな体を維持するためのエサ捕りなのでしょう。
　顎の構造から、口を開けるときは、口が前に突き出すような格好になります。その際、エサをおびき寄せるために歯

が下あごの歯が光るともいわれていますが、まだ確認されていません。
　写真は2006年5月に湯河原沖の相模湾で定置網に入ったメガマウスです。体長5m、体重約1.1tでした。

メガマウスの死体は、世界各地でときおり発見されている。大きいものでは約6mにまでなる大型のサメだ。（協力：京急油壺マリンパーク）

においをたよりにエサや仲間を見つけるゾウギンザメ

　深海に棲む生物は、その過酷な環境で生きていくために必要な進化をしています。写真のゾウギンザメは、名前に「ゾウ」とあるように、その鼻に特長があります。
　深海はたいへん暗く、目でエサや仲間を探すのはたいへんです。そこでゾウギンザメは、その鼻で電気や化学物質を探知できるようになっています。
　体長は120cm程度、比較的浅いところから水深200mを超える辺りに棲み、食用にもなっています

比較的浅い海でも目撃されるゾウギンザメ。MP135357G:(C)Minden Pictures／ネイチャー・プロダクション。

伸びた鼻はシャベルの役目　海底をさぐるテングギンザメ

　ゾウギンザメと同様に、鼻に特長があるのが、テングギンザメです。体長1.3mほどで、深海を泳ぐ姿も撮影されています。
　吻と呼ばれるテングギンザメの鼻先は大きく長く伸びています。まるでシャベルのようですが、これを使用して海底に埋まっているエサを探すと考えられています。
　写真の個体は1.2m程度ですが、2mぐらいのテングギンザメも見つかっています。主に水深300～1300m程度に棲息するといわれています。

「しんかい2000」により、北西太平洋／駿河湾、水深640mで撮影。

進化の謎の解明に期待がかかるシーラカンス

　シーラカンスは3億から4億年前に棲息し、いったんは絶滅したと考えられていました。ところが、1938年に南アフリカで、また1997年にはインドネシアでも生きたシーラカンスが発見されました。化石と現在の姿にほとんど差がないことから、シーラカンスは「生きた化石」と呼ばれています。
　現在のシーラカンスは海に棲息していますが、シーラカンスの祖先は、川や海などにも棲息していたと考えられています。
　シーラカンスの特長としてあげられるのが、厚い肉で覆われたヒレです。これは人間の手

シーラカンスの泳ぐ姿。（写真提供：鳥羽水族館）

足の原型では？　と考えられていますが、それを器用に動かしながら、ゆっくりと海底をはうように泳ぐ姿が確認されています。また魚は浮き袋という器官を使って浮いたり沈んだりをコントロールしますが、シーラカンスの浮き袋は、空気ではなく、海水よりも比重の軽い脂肪が詰まっていました。

　成魚は1mを超える大きさで、水深200〜400mぐらいのところに棲息しています。2009年には幼魚が泳ぐ姿も撮影されるなど、今後さらに詳しい研究が進むことで、生きた化石の進化の謎が解明されることでしょう。

生きた化石　オウムガイ

　オウムガイは、4、5億年前からその姿・特長をとどめながら現在も生きています。シーラカンスと同様に、生きた化石の代表的な深海生物なのです。水深100mと、比較的浅い海から、水深600mの深海に生き、90本もの触手を使って死んだ魚介類などを捕まえたり、体を支えるために岩場などに張り付いたりします。その泳ぎは速くはなく、イカやタコと同様に漏斗という器官から海水を噴射し、その勢いでゆっくりと前に進みます。

　オウムガイの殻は、ふつうの巻貝とは異なり、細かくいくつもの部屋に分かれています。その部屋には、空気や液体が入っていて、その量を調節することで体全体の浮力を調整し、浮いたり沈んだりします。まるで潜水艦のような機能を持っています。ただしこの殻は水圧にはあまり強くないようで、深いところでは殻が壊れてしまいます。

　同じような姿をした生物として、化石で発見されるアンモナイトがあります。しかし、オウムガイは、アンモナイトよりもずっと昔から生きていたとされています。

白亜紀末に絶滅したとされているアンモナイトの化石（北海道）。オウムガイは、そのアンモナイトよりも、ずっと以前から生きていた。（写真提供：独立行政法人 産業技術総合研究所 地質標本館（GSJ F04880））。

シーラカンス同様、生きた化石の代表的な生物、オウムガイ。
（写真提供：鳥羽水族館）

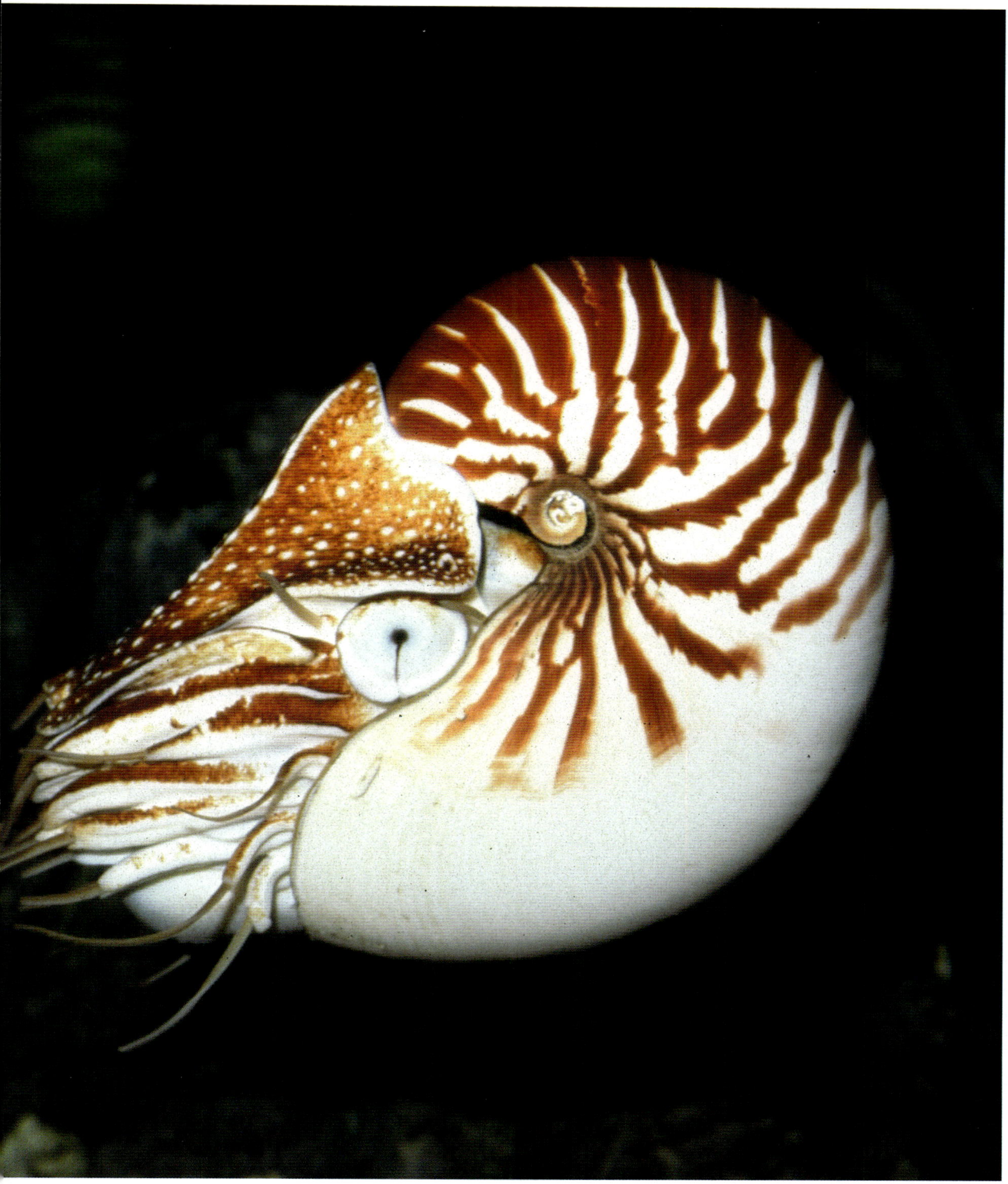

日本から遠く離れた深海に産卵場所　ウナギの秘密

　私たちの食卓でおなじみのウナギは小さいときには海にいますが、成魚は、川で捕れたり、湖で養殖（捕まえた稚魚を育てる）したりと、淡水に棲息しています。ウナギがどうやら海で生まれ川や湖にのぼってくるということはわかってきたのですが、しかし、そのウナギがどこで生まれ、そしてどうやって川にやってくるのか、その生態は謎に包まれていて、多くの研究者がそれを解き明かそうと研究を進めてきました。

　ウナギにはいくつか種類がありますが、日本の川や湖にのぼってくるニホンウナギについて、2006年に日本の研究者が、マリアナ諸島沖のスルガ海山というところで、生まれて2日目のウナギの仔魚を見つけました。また2008年には、これから産卵の準備に入ろうとする成魚なども、ほぼ同様の場所の、水深200〜350mで見つかったのです。このことにより、ウナギの産卵場所については、ほぼ解明されたと考えられています。

　ただし、マリアナ諸島沖のスルガ海山は、日本から約3000kmも離れています。どうしてそんな場所で生まれたウナギが日本にやってくるのか、どのようなルートでやってくるのか、どのくらいの日数をかけてやってくるのか、まだまだ謎の多い生物なのです。

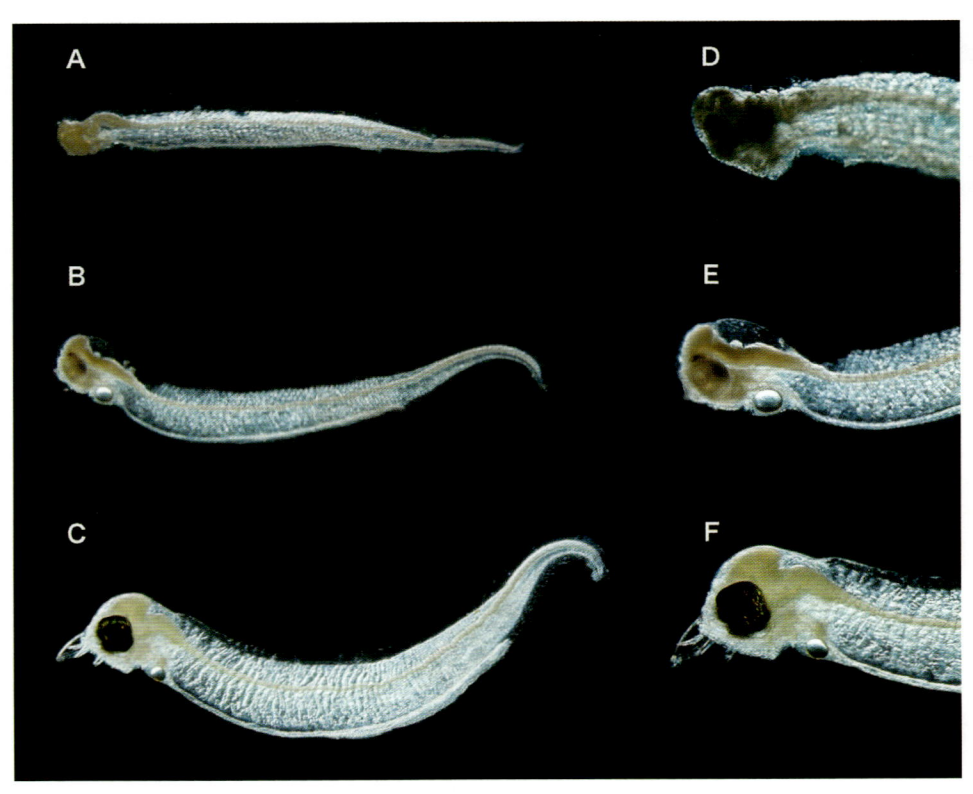

ニホンウナギのふ化したばかりの仔魚、プレレプトセファルス。全長約4.5〜5mm。Aでは目の色素が未発達で、Cは発達した姿。D〜FはA〜Cの頭部の拡大。（写真提供：東京大学大気海洋研究所）

スルガ海山

ニホンウナギの産卵場所

ウナギの産卵場所。

第4章 深海の調査を行う日本の船や機器

人を乗せてもっとも深いところまでいける
有人潜水調査船「しんかい6500」

　1990年に完成した「しんかい6500」は、その名のとおり、水深約6500mまで潜ることができる有人潜水調査船です。乗員は3名。支援母船の「よこすか」によって調査ポイントまで運ばれ、調査を行います。

　6500mまで潜れると、世界の海の約97％の調査が可能になります。また、私たちが暮らす日本は地震がたいへん多い国ですが、とくに大きな地震に対しての研究を進めるためには水深6500mぐらいまで調査できる船が必要だったため、「6500」となったのです。

「しんかい6500」全長9.5m、幅　2.7m、高さ3.2m

「しんかい6500」には、耐圧殻とよばれる2mの球形の居住スペースがあり、たいへんな水圧のかかる世界でもつぶれないよう、丈夫なチタン合金でできています。そこにパイロット2名、研究者1名の、計3名が乗船します。潜っていられる時間は8時間で、たとえば6500mまで潜るとすると、往復で5時間必要で、調査をする時間は3時間になります。

　「しんかい6500」には3つの窓があり、そこから直接、地形や生物を調査します。深海は真っ暗な世界なので、7つの強力な投光器で照らしますが、それでも視界は10m程度です。またサンプル採取の必要があれば、マニピュレータというロボットアームで捕まえて持ち帰ります。

　「しんかい6500」は、海底の地形を調べて地球内部の動きをとらえること、生物の進化を解明すること、深海生物の利用と保全、熱・物質循環の解明といった使命を持っています。すでに1000回以上潜行し、深海生物の発見や海底地形の詳細像をとらえるなど、活躍をしています。

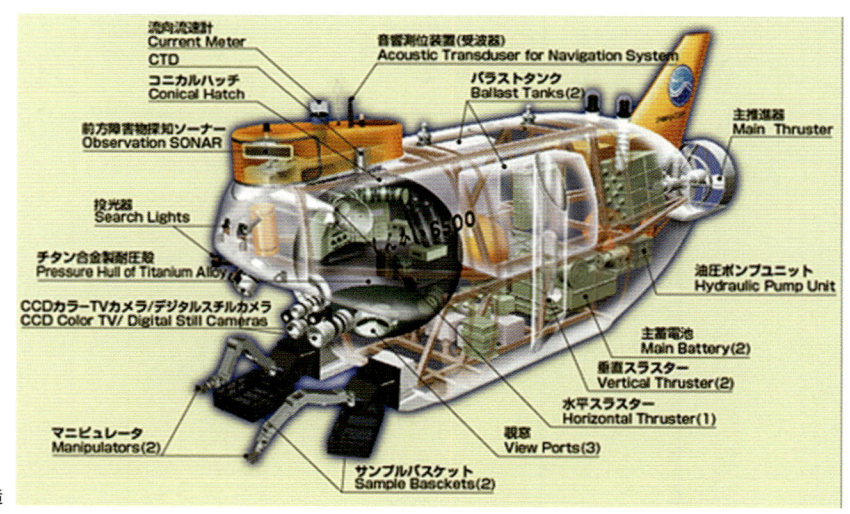

「しんかい6500」の内部構造

運用を休止した「しんかい2000」

日本の深海調査で数々の発見をなしとげた「しんかい2000」は、2002年11月11日の相模湾・初島沖での、1411回目の調査を最後に運用を休止しました。「しんかい2000」によって得られたさまざまなデータやノウハウをもとに「しんかい6500」が作られました。

「しんかい2000」。全長9.3m、幅3.0m、高さ2.9m

広範囲、危険な環境の調査に大活躍の深海探査ロボット
深海巡航探査機「うらしま」

　「しんかい6500」とは異なり、人は乗らず、コンピュータであらかじめ調査する場所や時間などが決められていて、それにそって、自分の位置を計算しながら自律航行を行う深海探査ロボットです。最大深度は3500mです。

　「うらしま」は、海水の塩分濃度や水温など、地球温暖化のメカニズムの解明に必要なデータを取得します。また、海底に近づき、地形の詳細なデータを取得することも可能です。

　船では近づけない荒れた海や、氷に閉ざされた海、また海底火山があるところの調査では、母船が調査海域に近づけません。そういった場所には、自らその場所に到達できる調査船が必要なのです。また広い範囲にわたっての調査しなければならないときも、「うらしま」が活躍します。2005年には、連続航走距離317kmの世界記録も樹立しました。

　今後、地球環境をより詳しく調べるために、北極海の氷の下の航行も必要です。そのためには5000kmの航走距離が必要になります。「うらしま」の実験データは、将来、その調査を行うために役立つことになります。

「うらしま」。全長10m、幅1.3m、高さ1.5m

無人探査機「ハイパードルフィン」

　カナダで開発された「ハイパードルフィン」は、水深3000mの深海を調査する、超高感度のカメラを搭載した無人の探査機です。

　調査する場所に到着すると、母船から深海に降ろされます（ケーブルでつながっている）。「ハイパードルフィン」には、推進装置もついていて、自由に動けます。

　研究者は母船の上で、モニターを見ながら、深海の様子をさぐることができます。また、2つのマニピュレータ（ロボットアーム）を持っていて、海底からサンプルを持ってくることができます。

「ハイパードルフィン」。全長3m、幅2.0m、高さ2.3m

無人探査機「かいこう7000Ⅱ」

　水深7000mの深海を調べることができる無人探査機「かいこう7000Ⅱ」は、1万m級無人探査機「かいこう」の2次ケーブル破断事故を受けて、その後継機として使用されています。「しんかい6500」では行けない深いところや、険しい地形の調査で活躍しています。

　「かいこう7000Ⅱ」は、海底から高度100mの位置で、ビークルと呼ばれる子機を分離します。母船とランチャーは1次ケーブル、ランチャーとビークルは2次ケーブルでつながっています。ビークルは、さまざまな観測機器やマニピュレータを持っていて、深海の様子を詳細にさぐり、サンプルを入手します。

「かいこう7000Ⅱ」。ランチャー：全長5.2m、幅2.6m、高さ3.2m。ビークル：2.8m、2.5m、2.0m

深海曳航調査システム「ディープ・トウ」

　母船と数1000mのケーブルでつなげられ、海底付近をゆっくりと曳航します。「ディープ・トウ」は、海底地形、地質（熱水等）、資源、海洋物理、中深層生物調査などを目的とし、カメラをはじめ、さまざまな観測機器が取り付けられています。また、採水器、採泥器、プランクトンネットなども取り付けが可能です。とてもシンプルな作りになっていて、支援装置類が少なく済むのも特徴です。「しんかい6500」の調査の前に、その場所がどのようなところかを調べる役目もになっています。

「ディープ・トウ」。全長3.5m、幅1.0m、高さ1.5m

深海底総合観測ステーション

　相模湾は、初島沖の水深1174mに深海底総合観測ステーションが設置されています。この場所には、シロウリガイをはじめとした、生物群集が存在しています。深海底総合観測ステーションは、カメラやさまざまな観測機器を通してそれらの生物たちをいつでもリアルタイムに見ることができ、長期間、調べることができるのが利点です。

　またこの場所は、断層があり地震などの研究においても重要で、その定点観測という重要な役割も担っています。

深海底総合観測ステーション

　深海底総合観測ステーションは、約8kmのケーブルで地上とつながっています。

海洋研究開発機構（JAMSTEC）について

　本書に掲載されている不思議な生物の写真の多くは、海洋研究開発機構（Japan Agency for Marine-Earth Science and Technology = JAMSTEC）の調査船によって撮影されたものです。同機構は海に関するさまざまな研究を行っている機関で、

・平和と福祉の理念に基づいた、海洋に関する研究開発
・海洋に関する学術研究に関する協力等の業務を総合的に行うことにより海洋科学技術の水準の向上を図るとともに、学術研究の発展に資する

を目的としています。深海調査はもちろん、地震や気象、地球内部の調査、その他、多くの最先端の研究を行っています。

　同機構は、広報活動にも力を入れており、同機構に見学できる体験型展示施設を有しています。そこには、「しんかい6500」の実物大模型や、その他、研究内容を紹介した展示物が飾られています。事前に申し込みをすれば、その他の施設も見学が可能です（詳しくはホームページをご覧ください）。

　また、船舶の公開や、年に1回の施設一般公開は、普段は見られないところを見ることができたり、研究者の解説を直接聞けたりするので、たいへん人気のイベントになっています。

JAMSTECホームページ：http://www.jamstec.go.jp/

体験型展示施設

日本近海の海底地形を調査する

　日本は、世界でも地震がとても多い国です。それは図のように、プレートがさかい目に位置し、それらが動くことで、地震が頻繁に発生するのです。そのような場所は、深海調査のとても重要な場所です。またプレートのさかい目付近は海底火山や海底温泉も多く、熱水のまわりに棲む生物たちがたくさん見つかります。

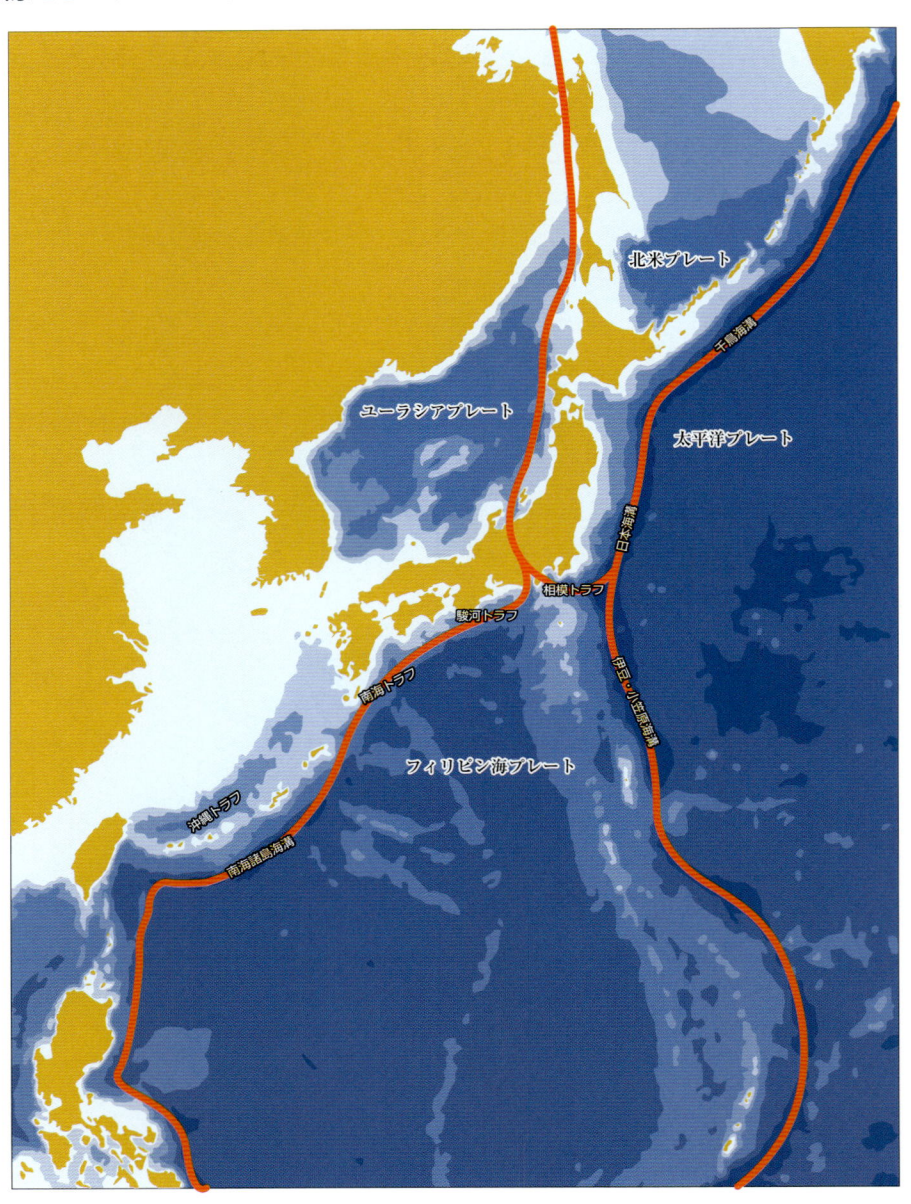

北米プレート
ユーラシアプレート
太平洋プレート
千島海溝
日本海溝
相模トラフ
駿河トラフ
南海トラフ
伊豆小笠原海溝
沖縄トラフ
南海諸島海溝
フィリピン海プレート

第5章 研究者に聞く 深海の調査と研究

潜水調査船の活躍により、たくさんの不思議な生物が発見され、海底地形の複雑な姿があらわになってきました。しかし、深海にはまだまだわからないことがたくさんあり、世界中の研究者が、その謎の解明のために研究を続けています。ここでは、実際に深海になんどももぐり、深海生物の研究を行っている藤倉克則先生に、深海の調査と研究について、体験談も交えて、その実際と将来像などについてお話をうかがいました。

お話をうかがった藤倉克則先生。
（海洋研究開発機構）

深海生物を調査しに行く

　深海の生物を調べるために、「しんかい2000」や「しんかい6500」に数十回乗りました。まずは深海底に到着するまでのお話をします。

　調査船に乗り込み、もぐりはじめてすぐに、しだいに暗くなってきます。昼間から、あっという間に外は夜の世界です。ではまっくらかというとそんなことはありません。暗くなると、調査船の外に発光生物やマリンスノーが見えます。調査船はどんどん下降していくので、それらはどんどん昇っていくように見えます。マリンスノーが調査船にぶつかると、青白く光ります。それはバクテリアの発光によるものですが、その姿はたいへん美しいものです。夜空に星が輝くように、また流れ星がスッと現われ消えるように、光に満ちています。それが海底まで続きます。

　調査船には、パイロット2名とともに乗り込みます。「しんかい6500」で6500mまでもぐるためには、片道2時間30分かかります。その間は、調査を行うための準備をします。もぐりはじめは波によって揺れますが、もぐっていくと、船はひじょうに安定します。（こわくはないのですか？という質問に）私はもぐる前はいつもこわいと感じますが、船のハッチ

マリンスノーは海底に向けて沈むが、調査船が下降するスピードのほうが速いので、窓から見ると、上昇しているように見える。

を閉めると、「何が出てくるのだろう」という好奇心が出てきて、こわさがなくなります。しかしときどき船内で「ピシッ」と音がなったりしますが、そのときはたいへん緊張したりします。

　もぐっていく最中、こわさよりも困ることがあります。調査船の中はけっこう寒いんです。真夏の調査船では、もぐりはじめが30℃近くあっても、海底にもぐると2℃や3℃なんてこともあります。そこでもぐっていく間にスキーウェアのような厚手の服に着がえます。調査船には暖房をつんでいませんので、寒い中、じっと調査を行うことになります。

深海底の様子について

　海底について、あまり知られていませんが、けっこうゴミが多く残念に思います。レジ袋とか空き缶とかが目につきます　海底から温泉がわいていて、そこに生物がたくさんいる場面に出会うと、たいへん興味がわいてきます。どうしてそのような場所で生きられるのか、とても不思議に思います。

　海底に到着すると、調査を開始します。その際、調査船を安定させるのに苦労します。岩などがあれば、そこに調査船の一部を押しつけて安定させたりします。また、パイロットがとても気を使うのが、海水をにごらせてはいけない、ということです。海底が泥に覆われて

藤倉先生は「しんかい2000」(左)で30〜40回、深海調査を行った。小さな窓(上)を通して、不思議な生き物をたくさん発見した。

　いる場所で一度海水がにごると、なかなか透明度はもとにもどりません。そうなると調査がたいへん難しくなります。調査船をバックさせると、プロペラによって後方の泥が調査船の前に流れ込んできますので、そのような場所では、バックさせないようにします。
　研究に使用する生物は採取して持ち帰ります。マニピュレータと呼ばれるロボットアームを使って岩からはがしたり、泥にうまったものをつかみとったり、熊手をつかってかき集めてたりして、箱に入れます。海面近くは波によってゆれるため、貴重な生物を落とさないようにしっかりとふたをしめておきます。
　エビやカニのようにせまい範囲で移動する生物については、掃除機のような機械で吸い取ります。動きの速い魚などは、つかまえられません。ビデオカメラで撮影したものを持ち帰ることになります。

深海生物研究のおもしろさについて

　深海にもぐって調査することは、誰もいったことのない世界に行けて、陸上では説明できない不思議な生物に出会える楽しさ、驚きがあります。私は栃木県出身で、海のないところで育ちましたが、子供のころから水の中の生き物に興味があり、釣りもたいへん好きした。それが今の仕事につながっていると思います。

　私は、「しんかい6500」に10回、「しんかい2000」に30～40回ほど乗り込み、深海生物の調査を行いました。いろいろなことがわかってきましたが、それでも深海にはまだまだ想像を超える、驚くような体験をすることがあります。

　これは、無人探査機の初代「かいこう」を使って調査を行なっていたときのことです。6500mの調査を終え、地質調査のためにさらに深い水深7300mところにもぐったところ、たくさんの二枚貝の姿がモニターに飛び込んできました。そんな深いところに二枚貝がいるなんてことはまったく考えていなかったので、たいへん驚きました。捕まえるための準備もあまりしていませんでしたので、サンプルが少ししかとれませんでした。この二枚貝は、世界で一番深いところで見つかった湧水域のメンバーでした。

深海生物研究の難しさについて

　深海では新種の生物がたくさん発見されます。それらは、たくさん持ち帰ることもできますが、場所によっては捕まえることができないためにビデオにとって、後で分析することになります。

　新種の生物には、当たり前ですがそれまで誰も見たことがなく、名前（学名）もついていません。それがどのような生物の仲間なのかを研究するのが、分類学の研究者の大切な仕事です。その分類学を研究する人が最近では減っているため、発見はされたものの、分類学の研究が進まないことも多いのです。この本を読んでいる皆さんの中から、将来、分類学の研究者が誕生すると嬉しく思います。その生物の分類がわかって名前が付けば、世界中の研究者が、仲間の生物と体の仕組みや生態などを比較し、その研究を論文にまとめることができます。研究者にとって論文を書くことはたいへん大切な仕事ですので、早く名前が付くことを願う研究者も多いのです。

深海の研究の将来について

　深海の生物を調べることは、私たちの生活にととても関わりのあることです。
　まず深海生物についてですが、熱水が沸いているところは、メタンや硫化水素が満ちてい

る有毒環境です。深海生物がその毒から身を守るための機能について、研究が進められています。

　また、生物の進化を調べるうえでも、深海生物はたいへん興味深い研究対象でもあります。たとえばシロウリガイはエラにバクテリアを住まわせ、そのバクテリアから栄養をもらっています。それは私たちの細胞の中にあるミトコンドリアと似たような働きになります。シロウリガイのバクテリアが細胞内にあるのは、進化の途中では？　とも考えられています。また、シロウリガイのエラにバクテリアが入っていても病気にならない理由を調べることは、難しい言葉ですが、免疫の研究につながります。

　熱水噴出孔は世界中にあり、そこには似たような生物が棲んでいます。しかし熱水噴出孔どうしは距離がはなれており、その間を、深海生物がどのように移動したのかを明らかにすることは、これからの研究テーマです。またクラゲの子供が巻貝の貝殻で育つなど、生物どうしがその体を利用しあっているという事実があります。いろいろな深海生物についての、共生のメカニズムをたくさん調べることも、海の生態系を理解する上で重要です。

　さて、少し夢のある話ですが、誰もが深海の生物を楽しむために、深海旅行にいける日はやってくるのでしょうか？　実はロシアではすでに、ミールという船を使い、観光目的で深海を行き来しています。ただ、たくさんの人が一度に楽しみに行くためには、大きな観光船を作る必要がありそうです。船でいかなくても、水中エレベーターのようなものができれば、将

シートピア計画で使用された居住施設。水深300mで人が活動できるか実験が行われた。

来、深海の世界を多くの人が楽しめる時代が来るかもしれません。

　また、水中で私たち人類が暮らすことができるようになるのでしょうか？　日本でも以前、シートピア計画という、水深300mで生活や仕事ができるかどうかの実験が海洋研究開発機構で行われていたことあります。水圧になれるためには、降下するときに半日、上昇するときに約10日間かかるのでたいへんですが、今でも海外では水中生活の実験を行っている国があるのです。

最後に… 将来の研究者へ贈るメッセージ

　生物の観察を行うときは、ただ漠然と観察するのではなく、いろいろな生物たちは、「つながりあって」いる、ということを意識してみてください。すると、今までと違った生物像が見えてくると思います。

　深海生物は、けっこう身近に存在しています。実は私たちは、魚のフライやお寿司などでひんぱんに口にしているのです（ちゃんと残さず食べてくださいね）。

　その「食べる」といことも含めて、人間の生活がいかに他の生物の「サービス」によって成り立っているかを考えてほしいと思っています。どこまでそのサービスをあてにしてよいのか、またあてにしてはいけないのか、そのバランスについて、まだ私たちはわかっていないのです。わからないまま、その資源を使っているのです。次世代の研究者を志す人は、ぜひそのバランスがわかる世界を目指してください。そのために今の研究者である私たちが、50年後、100年後でも使える、たくさんのデータを残すことを使命とします。

終わりに

　本書に掲載されている深海生物の姿を見て「気持ち悪い」とか「おそろしい」とかいう感想を持った人も多いことでしょう。しかし、「こわいもの見たさ」も手伝って、おそるおそるページをめくりながら、しだいに深海生物に興味がわいてきた人も多いのではないでしょうか？　大きな口も、おそろしい牙も、不思議な発光器官も、巨大な目も、すべては生きていくために必要なもの。それぞれ過酷な環境で生物が生きていくためのサイエンスがたくさんつまっています。「みんな必死に生きている…」そんな思いでもう一度ページを開いてみてください。きっと、「もっと深海生物のことが知りたい」と思うようになることでしょう。

　本書の原稿執筆、取材、写真借用などに際し、海洋研究開発機構をはじめ、多くの研究機関、博物館、水族館などの関係者の方々に協力をいただきました。心より感謝申し上げます。

子供の科学編集部

● 海洋研究開発機構から借用した写真

　本書の写真の多くは、独立行政法人 海洋研究開発機構より借用いたしました。
水圧の実験、マグマが固まった岩、ブラックスモーカー、サツマハオリムシ、ツノナシオハラエビ、ユノハナガニ、ゴエモンコシオリエビ、シロウリガイ、鯨の骨に集まるコシオリエビ、ホタルイカ、ハダカイワシ、ヒゲクラゲの一種、ムラサキクラゲ、ニジクラゲ、ウミユリ、カイロウドウケツ、オトヒメノハナカサ、オオグチボヤ、タカアシガニ、エゾイバラガニ、クモヒトデ、ウミグモ、スケーリーフット、センジュナマコ、ユメナマコ、マイグツガタナマコ、エボシナマコ、カイコウオオソコエビ、ナガヅエエソ、メダマホウズキイカの仲間、ヌタウナギ、メンダコ、ジュウモンジダコ、クダクラゲ、リンゴクラゲ、ウリクラゲの仲間、アカカブトクラゲの仲間、種類がわからないクシクラゲ、テングギンザメ、しんかい6500、しんかい6500の内部構造、しんかい2000、うらしま、ハイパードルフィン、かいこう7000Ⅱ、ディープ・トウ、深海底総合ステーション、

● 写真協力
京急 油壺マリンパーク
国立科学博物館
産業技術総合研究所・地質標本館
新江ノ島水族館
東海大学海洋科学博物館
東京大学大気海洋研究所
鳥羽水族館
ネイチャープロダクション

● 参考文献・ホームページなど
『潜水調査船が観た深海生物』　藤倉克則、奥谷喬司、丸山　正 編著　東海大学出版会 刊
『深海のフシギな生きもの』　藤倉克則・ドゥーグル リンズィー監修　ネイチャープロ編集部 構成・文　幻冬舎 刊
『はじめての海の科学』　JAMSTEC Blue Earth 編集委員会 編　創英社／三省堂書店
『深海の不思議』　滝澤美奈子 著　日本実業出版社
『深海生物ファイル』　北村雄一 著　ネコ・パブリッシング 刊
『深海魚　暗黒街のモンスターたち』　尼岡邦夫 著　ブックマン社 刊
独立行政法人 海洋研究開発機構
http://www.jamstec.go.jp/j/
海の博物館（東海大学海洋科学博物館）
http://www.umi.muse-tokai.jp/
産業技術総合研究所　地質標本館
http://www.gsj.jp/Muse/

索　引

<あ行>

アカカブトクラゲ …………………………… 68
アフリカプレート …………………………… 11
アラビアプレート …………………………… 11
アンモナイト ………………………………… 76
生きた化石 ………………………………… 75,76
伊豆・小笠原海溝 …………………………… 86
イリシウム …………………………………… 24
インドオーストラリアプレー ……………… 11
ウバザメ ……………………………………… 70
ウミグモ ……………………………………… 39
ウミユリ ……………………………………… 30
ウミユリの化石 ……………………………… 31
うらしま ……………………………………… 82
ウリクラゲ …………………………………… 67
ウロコフネタマガイ ………………………… 41
エゾイバラガニ …………………………… 36,37
エボシナマコ ………………………………… 47
塩化アンモニウム …………………………… 60
オウムガイ …………………………………… 76
オオグチボヤ ………………………………… 34
オトヒメノハナガサ ………………………… 33
オニアンコウ ………………………………… 55
オニキンメ …………………………………… 55
オワンクラゲ ………………………………… 66

<か行>

かいこう7000Ⅱ ……………………………… 83
カイコウオオソコエビ ……………………… 48
海底温泉 …………………………………… 11,14
海洋研究開発機構 …………………………… 85
カイロウドウケツ …………………………… 32
カウンターイルミネーション …………… 26,57
カブトクラゲ ………………………………… 67
ガラパゴスシロウリガイ …………………… 18
ガラパゴスハオリムシ ……………………… 14
北アメリカプレート ………………………… 11
共生 ……………………………………… 14,17,91
棘皮動物 ……………………………………… 30
クシクラゲ ………………………………… 67,69

<さ行>

鯨骨生物群集 ………………………………… 21
クダクラゲ …………………………………… 64
クモヒトデ …………………………………… 38
クリアスモカー ……………………………… 11
光合成 ………………………………………… 8
ゴエモンコシオリエビ ……………………… 17
古生代 ………………………………………… 30
コビレハダカ ………………………………… 27
ゴミ …………………………………………… 88

<さ行>

相模トラフ …………………………………… 86
サツマハオリムシ …………………………… 15
サンキャクウオ ……………………………… 50
シートピア計画 …………………………… 91,92
シーラカンス …………………………… 74,75,76
示準化石 …………………………………… 30,31
示相化石 …………………………………… 30,31
ジュウモンジダコ ………………………… 62,63
シロウリガイ ……………………………… 18,91
シロナガスクジラ …………………………… 65
しんかい2000 ……………………… 81,87,89,90
しんかい6500 ……………………… 80,81,87,90
深海巡航探査機 ……………………………… 82
深海探査ロボット …………………………… 82
深海底総合観測ステーション ……………… 84
深海旅行 ……………………………………… 91
深層 ………………………………………… 6,7
ジンベイザメ ………………………………… 70
水中エレベーター …………………………… 92
スケーリーフット …………………………… 40
漸深層 ……………………………………… 6,7
駿河トラフ …………………………………… 86
スルガ海山 …………………………………… 78
センジュナマコ …………………………… 44,47
ゾウギンザメ ………………………………… 72

<た行>

耐圧殻 ………………………………………… 81
ダイオウイカ ………………………………… 60

ダイオウグソクムシ	42,43	フクロウナギ	53
大気圧	9	ブラックスモーカー	2,11
体験型展示施設	85	プレート	11,86
太平洋プレート	86	分類学	90
大陸斜面	7	ベニオオウミグモ	39
大陸棚	7	ペリカンザラガレイ	53
タカアシガニ	36	ボウエンギョ	56
千島海溝	86	ホウライエソ	55
チムニー	11	北米プレート	86
チャレンジャー号	6	ホタルイカ	26
中層	6,7	ホワイトスモーカー	11
超深層	6,7		
チョウチンアンコウ	24,25	**＜ま行＞**	
ツノナシオハラエビ	16	マイクツガタナマコ	47
ディープ・トウ	84	マニピュレータ	81,83,89
定点観測	84	マムシ魚	55
テマリクラゲ	28	マリアナ海溝	6,7,48
テングギンザメ	73	マリアナ諸島	78
ドウケツエビ	32	マリンスノー	10,87,88
		ミール	91
＜な行＞		ミトコンドリア	91
ナガヅエエソ	50	南アメリカプレート	11
ナスタオオウミグモ	39	ムラサキカムリクラゲ	28,67
なつしま	80	メガマウス	70
南海諸島海溝	86	メダマホウズキイカ	57
南海トラフ	86	免疫	91
ニジクラゲ	27,29,67	メンダコ	62
ニホンウナギ	78,79		
日本海溝	86	**＜や行＞**	
二枚貝	90	誘引突起	24
ヌタウナギ	58	湧水域	15,19
熱水噴出孔	11,14	有毒環境	91
		ユーラシアプレート	11
＜は行＞		ユーラシアプレート	86
ハイパードルフィン	83	ユノハナガニ	16
ハダカイワシ	27	ユメナマコ	46
ビーグル	83		
ヒゲクラゲ	27	**＜ら行＞**	
表層	6,7	ランチャー	83
フィリピン海プレート	86	リンゴクラゲ	66
フウセンウナギ	53	ロボットアーム	81,83,87,89
フウセンクラゲ	67		

監修者　藤倉克則（ふじくら かつのり）
栃木県足利市生まれ。
東京水産大学（現東京海洋大学）修士課程修了、博士（水産学）。海洋研究開発機構海洋生物多様性研究プログラム　チームリーダー。深海生物学を専門としている。
主な著書：『潜水調査船が観た深海生物―深海生物研究の現在』藤倉克則、奥谷喬司、丸山正編著（2008）東海大学出版など。

編集・デザイン／有限会社クリエイティブパック

NDC400

子供の科学★サイエンスブックス
過酷な深海で生き抜くための奇妙な姿と生態
深海の不思議な生物
2010年10月31日　発　行

監修者	藤倉 克則
編　者	子供の科学編集部
発行者	小川雄一
発行所	株式会社　誠文堂新光社

〒113-0033　東京都文京区本郷3-3-11
　　（編集）電話03-5800-5779
　　（販売）電話03-5800-5780
　　http://www.seibundo-shinkosha.net/

印刷・製本所　図書印刷株式会社

©2010,Seibundo Shinkosha Publishing Co.,Ltd.　　　　　　　　　　　　Printed in japan

検印省略
万一落丁・乱丁本の場合はお取り替えいたします。
本書掲載記事の無断転用を禁じます。
R＜日本複写権センター委託出版物＞
本書の全部または一部を無断で複写複製（コピー）することは、著作権法上での例外を除き、固く禁じられています。
本書からの複製を希望される場合は、日本複写権センター（JRRC）の許諾を受けてください。
JRRC（http://www.jrrc.or.jp e-mail：info@jrrc.or.jp 電話03-3401-2382）。

ISBN978-4-416-21011-6